KB178957

아인슈타인이 들려주는 상대성 이론 이야기

아인슈타인이 들려주는 상대성 이론 이야기

ⓒ 정완상, 2010

초　판　1쇄 발행일 | 2004년 10월 15일
개정판　1쇄 발행일 | 2010년 9월 1일
개정판 21쇄 발행일 | 2021년 5월 28일

지은이 | 정완상
펴낸이 | 정은영
펴낸곳 | (주)자음과모음

출판등록 | 2001년 11월 28일 제2001-000259호
주　　소 | 04047 서울시 마포구 양화로6길 49
전　　화 | 편집부 (02)324-2347, 경영지원부 (02)325-6047
팩　　스 | 편집부 (02)324-2348, 경영지원부 (02)2648-1311
e-mail　| jamoteen@jamobook.com

ISBN 978-89-544-2001-3 (44400)

아인슈타인이
들려주는

상대성 이론
이야기

| 정완상 지음 |

㈜자음과모음

아인슈타인을 꿈꾸는 청소년을 위한 '상대성 이론' 과학 여행

20세기를 흔들어 놓은 혁명적인 사건 가운데 하나는 아인 슈타인이라는 천재 과학자의 등장일 것입니다. 아인슈타인 하면 가장 먼저 떠오르는 것은 바로 그의 위대한 발견인 상대 성 이론입니다. 상대성 이론은 오랜 세월 동안 불변의 진리 로 여겨지던 뉴턴의 물리 법칙을 뒤흔들어 놓았습니다.

또한 상대성 이론을 통해 타임머신이나 블랙홀과 같은 단 어들이 만화나 SF 영화 속에 자주 등장하게 되었습니다. 앞 으로도 상대성 이론과 관련된 내용들이 SF 영화나 만화에 많 이 등장할 것이라고 생각합니다.

저는 한국과학기술원(KAIST)에서 일반 상대성 이론과 관련

된 중력 이론으로 박사 학위를 받는 동안 공부했던 내용과 대학에서 강의를 한 경험을 토대로 이 책을 쓰게 되었습니다.

이 책은 아인슈타인 박사가 한국에 와서 우리 청소년들에게 9일간의 수업을 통해 상대성 이론을 함께 느낄 수 있게 하는 것으로 설정되어 있습니다. 아인슈타인 박사는 참석한 청소년들에게 질문을 하며 간단한 일상 속의 실험을 통해 상대성 이론을 가르칩니다.

복잡한 수식으로 이루어진 상대성 이론은 청소년들에게는 아주 어려운 물리학이지만, 많은 청소년들은 만화나 영화를 통해 상대성 이론에 등장하는 블랙홀이나 웜홀과 같은 단어에 친숙해져 있습니다. 다만 상대성 이론을 정확하게 알고 있는 청소년은 그리 많지 않은 것 같습니다.

이 책을 많은 청소년들이 읽고 상대성 이론을 쉽게 이해하여 한국에서도 아인슈타인과 같은 훌륭한 물리학자가 나오게 되기를 간절한 마음으로 바랍니다.

끝으로 이 책을 출간할 수 있도록 배려해 준 강병철 사장님, 그리고 편집부 여러분들에게 감사의 뜻을 표합니다.

정 완 상

차례

.

속력이란 무엇일까요?

속력이란 물체가 얼마나 빠른가를 나타내는 것입니다.
속력을 구하는 방법에 대해 배워 봅니다.

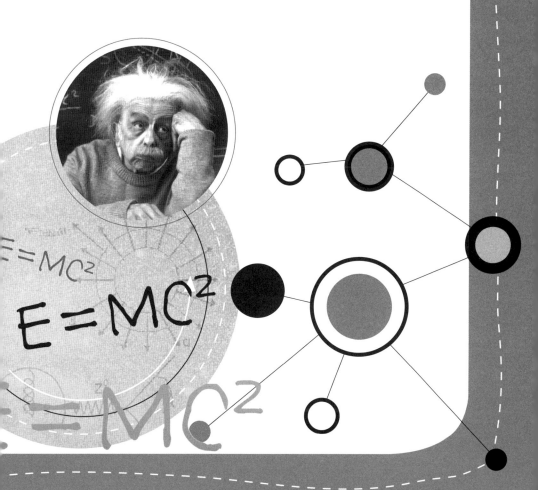

1

첫 번째 수업

속력이란 무엇일까요?

아인슈타인이 속력에 관한 이야기로
첫 번째 수업을 시작했다.

오늘은 속력에 대한 이야기를 먼저 해 보겠습니다. 속력이
란 물체가 얼마나 빠른가를 나타내는 것입니다. 철이와 미애
가 100m 달리기 시합을 했습니다. 그 결과 철이는 20초, 미
애는 25초가 걸렸습니다.

그럼 누가 더 빠른 것일까? 당연히 철이가 더 빠르지요. 이
때 철이의 속력이 더 빠르다고 말합니다.

아하, 여기서 다음과 같은 사실을 알 수 있네요.

같은 거리를 움직일 때는 시간이 적게 걸릴수록 속력이 빠르다.

철이는 1시간 동안 4km를, 미애는 2km를 걸어갔어요. 누가 더 빠른가요? 당연히 철이입니다. 두 사람은 같은 시간 동안 걸어갔기 때문에 이럴 때는 걸어간 거리만 비교하면 누가 더 빠른지를 알 수 있어요.

같은 시간 동안 먼 거리를 이동할수록 속력이 빠르다.

아인슈타인은 8초 동안 오른쪽으로 8m를 걸어갔다.

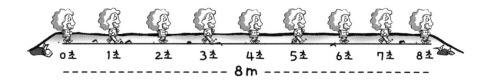

나는 8초 동안 8m를 움직였어요. 이번에는 뛰어 볼게요.

아인슈타인은 3초 동안 오른쪽으로 6m를 뛰어갔다.

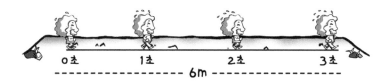

이번에는 3초 동안 6m를 뛰었습니다. 이제는 내가 걸어갔을 때와 뛰어갔을 때 중 어느 경우가 더 빠른가를 알아보아야겠어요. 걸었을 때 더 긴 거리를 이동하였으니까 걸어갔을 경우가 더 빠를까요? 아닙니다. 걸어간 시간과 뛰어간 시간이 다르거든요.

이렇게 서로 다른 시간 동안 이동한 거리를 비교하여 빠르기를 나타낼 수는 없어요. 아무리 느린 달팽이도 1년 동안 움직이면 긴 거리를 이동할 테니까요. 이렇게 걸린 시간과 이동한 거리가 다른 두 물체의 빠르기를 나타내기 위해 우리는 속력을 사용한답니다. 속력은 다음과 같은 공식으로 구할 수 있습니다.

속력 = 이동한 거리 ÷ 걸린 시간

왜 거리를 시간으로 나눌까요? 그 이유는 간단하답니다. 걸어갈 때와 뛰어갈 때 움직인 시간이 각각 다르므로 같은 시간 동안 이동한 거리를 서로 비교해 봅시다. 예를 들어, 1초 동안 이동한 거리를 보겠습니다. 그것은 다음과 같이 비례식으로 풀면 되지요.

걸어갈 때

8초 : 8m = 1초 : ☐m → ☐ = 1

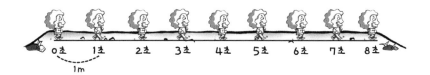

뛰어갈 때

3초 : 6m = 1초 : ☐m → ☐ = 2

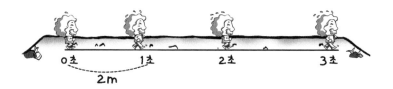

걸어갈 때는 1초에 1m를 움직였고, 뛰어갈 때는 1초에 2m 를 움직인 것이지요. 그러므로 같은 시간(1초) 동안 이동한 거리가 뛰어갔을 때가 더 멀기 때문에 뛰어갈 때의 속력이 더 빠릅니다.

그럼 두 경우에서 1초 동안에 이동한 거리 1m와 2m는 어떻게 구한 것일까요? 다음과 같이 계산하였습니다.

걸어갈 때: 8m를 8초로 나누었음.
뛰어갈 때: 6m를 3초로 나누었음.

이동한 거리를 시간으로 나눈 값을 속력이라고 하는 이유를 이제 알겠지요?

속력의 단위

이제 속력의 단위를 알아볼 건데, 먼저 거리의 단위를 알아보아야겠군요. 긴 거리를 나타낼 때는 km를, 그보다 작은 거리를 나타낼 때는 m를, 아주 짧은 거리를 나타낼 때는 cm를 사용합니다. 이때 km, m, cm와 같은 것을 거리의 단위라고 부릅니다. 그렇다면 시간의 단위는 무엇일까요? 마찬가지로 긴 시간은 '시'로, 그보다 짧은 시간은 '분'으로, 아주 짧은 시간은 '초'로 나타냅니다.

속력은 거리를 시간으로 나눈 값이라고 했습니다. 그래서 속력의 단위는 거리의 단위를 시간의 단위로 나눈 것입니다. 단위를 나눈다는 말을 잘 모르겠지요? 거리의 단위가 영어로 돼 있으니 시간의 단위도 영어로 만들어 보겠습니다. 시간을 나타내는 영어 단어는 다음과 같습니다.

시 = hour
분 = minute
초 = second

단어가 너무 길군요. 그래서 뒷부분을 생략해서 시를 나타내는 단위는 h, 분을 나타내는 단위는 min, 초를 나타내는 단위는 s라고 씁니다. 분을 나타내는 단위를 m이라고 쓰지 않는 것은 거리의 단위인 m(미터)와 혼동될 수 있기 때문입니다.

자, 이제 속력의 단위를 알아보겠습니다. 어떤 물체가 10초 동안 100m를 움직였다고 해 봅시다. 이때 이 물체의 속력은 100m를 10초로 나눈 값입니다. 10초를 영어로 쓰면 10s이니까 속력은 100m ÷ 10s가 되는군요.

어! 큰일났어요. 100 ÷ 10 = 10인데 m ÷ s는 무엇일까요? 걱정하지 마세요. m ÷ s는 m/s라고 쓰면 된답니다. 우리가 3 ÷ 5를 $\frac{3}{5}$ 또는 3/5이라고 쓰는 것처럼 말입니다. 그러므로 이 물체의 속력은 10m/s입니다. 이것을 초속 10m라고 부르는 것입니다.

그런데 속력의 단위에 m/s만 있는 것은 아닙니다. 긴 시간 동안 긴 거리를 움직이는 경우를 보겠습니다. 예를 들어, 버스가 5시간 동안 300km를 갔어요. 이때 버스의 속력은 $300km \div 5h$이므로 60km/h가 되지요. 이것은 시속 60km라고 부릅니다. 이렇게 속력의 단위는 거리의 단위를 시간의 단위로 나눈 것으로 나타냅니다.

속력의 단위＝거리의 단위 ÷ 시간의 단위

만일 3초 동안 물체가 제자리에 가만히 있었다면 이 물체의 속력은 얼마일까요? 제자리에 가만히 있었으니까 물체가 움직인 거리가 0이군요. 움직인 거리를 시간으로 나눈 것이 속력이므로 이 물체의 속력은 $0 \div 3 = 0$이 됩니다.

정지해 있는 물체의 속력은 0이다.

2

빛의 속력은
변하지 않아요

어떤 속력도 빛의 속력보다 빠를 수는 없습니다.
빛의 속력에 대해 알아봅시다.

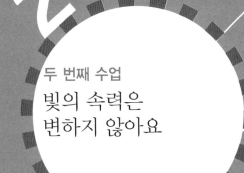

두 번째 수업

빛의 속력은
변하지 않아요

아인슈타인의 두 번째 수업은
야외에서 진행되었다.

학생들 앞에 투명한 유리로 되어 있는 버스가 보였다. 아인슈타인
은 정지해 있는 버스 안의 맨 뒤에 서 있다.

자! 이제 내가 천천히 걸어가 볼게요. 버스의 길이는 6m이
고 나는 3초 동안 걸어갈 거예요.

아인슈타인은 1초, 2초, 3초를 큰 소리로 외치면서 정지해 있는 버
스 안에서 걸어갔다. 3초가 되었을 때 아인슈타인은 버스의 맨 앞
에 도착했다.

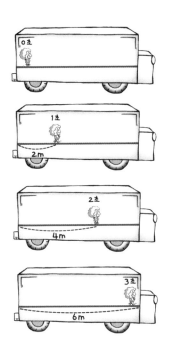

내가 걸어간 속력은 쉽게 알 수 있지요? 나는 6m를 3초 동안 움직였으므로 나의 속력은 2m/s예요. 이렇게 버스가 움직이지 않을 때는 버스 안에서 걸어가는 속력은 땅에서 걸어갈 때의 속력과 같습니다.

버스가 일정한 속력으로 움직이면 어떻게 될까요? 버스가 움직이는 방향으로 걸어가는 것을 밖에 있는 사람이 보면 내가 더 빠르게 움직이는 것으로 보일 거예요.

예를 들어, 버스가 1m/s의 속력으로 달리고 내가 2m/s의 속력으로 걸어간다고 해 봅시다. 이때 버스 밖에 있는 사람에게는 내가 3m/s의 속력으로 움직이는 것으로 보일 거예요. 그러니까 버스의 속력과 내가 걸어가는 속력이 더해지는 것이지요.

왜 두 속력이 더해진 것으로 보이는지 알아볼까요? 속력은 일정 시간 동안 물체가 움직인 거리라고 했습니다. 버스 안의 사람은 1초 동안 2m를 움직이고 그 사이에 버스도 1초 동안 1m를 움직였지요? 그러므로 밖에 있는 사람에게 버스 안에 있는 사람은 1초 동안 3m를 움직인 것으로 보이게 됩니다.

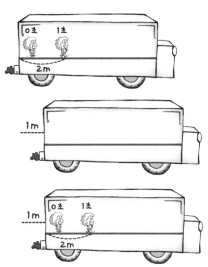

일반적으로 다음과 같이 말할 수 있습니다.

속력 U로 움직이는 버스 안에서 속력 V로 걸어가는 사람의 속력은 버스 밖에 서 있는 관찰자에게는 $U + V$이다.

이 현상은 움직이는 버스에서 걸어가는 사람의 경우뿐만 아니라 움직이는 버스에서 물체를 던지는 경우에도 적용됩니다. 10m/s의 속력으로 달리는 버스에서 버스가 움직이는 방향으로 5m/s의 속력으로 물체를 던진다고 해 봅시다. 이때 버스 밖에 있는 사람에게는 물체의 속력이 두 속력을 더한 15m/s의 속력으로 측정된답니다. 일반적으로 다음과 같이 말할 수 있지요.

속력 U로 움직이는 버스에서 속력 V로 던진 물체의 속력은
버스 밖에 서 있는 관찰자에게는 $U + V$로 측정된다.

이것은 위대한 물리학자 갈릴레이가 처음 밝혀낸 법칙이에
요. 이렇게 두 속력이 더해진다는 법칙을 갈릴레이의 속력
덧셈 공식이라고 부른답니다.

과학자의 비밀노트

갈릴레이(Galileo Galilei, 1564~1642)
이탈리아의 천문학자이자 물리학자이다. 망원경을 만들어 최초로 목성과 그 위성
들을 관측하였다. 그 위성들을 오늘날에는 갈릴레이의 위성이라고 한다. 그리고
공기가 없을 때, 질량이 큰 물체와 가벼운 물체는 같은 속도로 떨어진다는 갈릴
레이의 낙체의 법칙으로도 유명하다. 지동설을 주장하다가 로마 교황청으
로부터 종교 재판에 회부되었다가 철회한 일화가 있다.

빛의 속력은 변하지 않는다

아인슈타인은 조그만 자동차에 올라탔다. 그리고 헤드라이트를 켰다.

지금 이 자동차는 정지해 있어요. 이 차의 헤드라이트에서

나온 빛의 속력은 얼마일까요?

자동차가 정지해 있으므로 원래의 빛의 속력과 같으므로 300,000,000m/s입니다. 빛은 이 세상에서 가장 빠릅니다. 빛은 1초에 30만 km를 움직입니다. 그러니까 지구를 1초에 7바퀴 반이나 돌 수 있는 거예요.

아래의 표는 빛이 얼마나 빠른지 우리가 알고 있는 다른 것들과 비교해 놓은 것입니다.

빛의 속력은 다른 것들과는 비교도 안 될 만큼 빠르지요? 물리학자들은 아직까지 빛보다 빠르게 움직이는 것을 발견하지 못했답니다. 그러므로 빛은 이 세상에서 가장 빠르답니다. 즉, 어떤 속력도 빛의 속력보다 빠를 수는 없답니다.

가장 빠른 사람	10m/s
가장 빠른 육상 동물(치타)	30m/s
고속철도	100m/s
제트기	1,000m/s
로켓	11,000m/s
빛	300,000,000m/s

자, 이제 차가 앞으로 가면서 헤드라이트를 켤 거예요. 차는 초속 20m로 달릴 것입니다.

아인슈타인은 헤드라이트를 켜고 차를 움직였다.
차를 멈춘 다음 아인슈타인은 차에서 내려 질문을 했다.

움직이는 자동차의 헤드라이트에서 나온 빛의 속력은 얼마일까요? 갈릴레이의 속력 덧셈 공식에 따라 빛의 원래의 속력에 자동차의 속력을 더하면 되겠지요?

$$300,000,000 + 20 = 300,000,020 \text{m/s}$$

그런데 실제로는 그렇지가 않았어요. 움직이는 자동차에서 나온 빛의 속력은 변하지 않았던 것입니다. 다시 말해 차가 정지해 있을 때나 달릴 때나 빛의 속력은 같았습니다. 정말 이상한 일이지요? 그렇다면 갈릴레이의 속력 덧셈 공식이 틀린 걸까요?

저는 고등학교 때부터 이 문제를 골똘히 생각해 봤어요. 그리고 다음과 같은 결론을 얻었지요.

움직이는 차에서 나온 빛의 속력은 원래의 빛의 속력과 같다.

　사람들은 이것을 아인슈타인의 빛의 속력 불변의 법칙이라고 부르더군요. 차가 아무리 빨리 달려도 차에서 나오는 헤드라이트 빛의 속력은 달라지지 않는 것입니다.

　그러므로 갈릴레이의 속력 덧셈 공식이 빛에 대해서는 적용되지 않습니다. 나는 빛뿐만 아니라 빛의 속력에 거의 가까울 정도로 빨리 움직인다면 갈릴레이의 속력 덧셈 공식이 적용되지 않는다는 것을 알아냈어요. 자, 놀라운 일이지요? 이로 인해 새로운 물리학이 만들어졌답니다. 그것이 바로 제가 만든 상대성 이론이랍니다.

새로운 속력 덧셈 공식

　그렇다면 새로운 속력 덧셈 공식을 찾아봐야겠군요. 갈릴레이의 공식을 다시 한 번 보도록 합니다. 속력 U로 달리는 버스 안에서 속력 V로 던진 물체의 속력은 $U+V$가 된다고 했어요. 그런데 빛의 속력에 대해서는 이러한 덧셈이 성립하지 않는다고 했지요? 그러므로 새로운 덧셈을 만들어야 합니다.

이제 새로운 덧셈을 ⊕라고 합시다. 그리고 속력 U로 움직이는 버스 안에서 속력 V로 던져진 물체의 속력이 $U \oplus V$가 된다고 합시다. 또한 빛의 속력을 C라고 합시다. 그럼 속력 U로 움직이는 버스 안에서 나온 헤드라이트 빛의 속력은 $U \oplus C$가 됩니다. 그런데 빛의 속력은 버스가 움직이든 안 움직이든 달라지지 않으니까 그대로 빛의 속력 C가 되어야 합니다. 그러므로 위의 내용을 계산 식으로 나타내면 아래와 같게 됩니다.

$$U \oplus C = C$$

어! 이것은 우리가 알고 있는 덧셈이 아니군요. 그래서 나는 다음과 같은 꼴일 거라고 가정을 해 보았답니다.

$$U \oplus C = (U + C) \div K$$

그리고 K를 구해 보기로 했어요. K는 다음 식도 만족해야 합니다.

$$(U + C) \div K = C$$

양변에 K를 곱하면 다음과 같이 됩니다.

$$U + C = K \times C$$

양변을 C로 나누어 줍시다.

$$1 + U \div C = K$$

아! 그러니까 새로운 덧셈은 다음과 같이 되겠군요.

$$U \oplus C = (U + C) \div (1 + U \div C)$$

모양이 많이 복잡하군요. 그런데 여기에서 새로운 덧셈도 교환 법칙이 성립해야 한다고 요구해 봅시다. 그러면,

$$U \oplus C = C \oplus U$$

이것을 만족하기 위해서는 새로운 덧셈의 꼴이 조금 달라져야 합니다. 다음과 같이 될 것입니다.

$$U \oplus C = (U + C) \div (1 + (U \times C) \div C^2)$$

여기에서 C^2은 빛의 속력의 제곱입니다. 제곱이란 같은 수를 2번 곱하는 것을 말합니다. 즉, $C^2 = C \times C$를 뜻한답니다.

자! 우리는 아주 중요한 공식을 찾아냈어요. 그럼 속력에 대한 새로운 덧셈 공식이 빛의 속력에 대해서만 성립하는 것일까요? 아닙니다. 모든 속력에 대해 성립하지요. 일반적으로 다음과 같습니다.

속력 U로 움직이는 버스에서 속력 V로 던진 물체의 속력은 버스 밖에 서 있는 관찰자에게는 속력 $U \oplus V$로 측정된다.

$$U \oplus V = (U + V) \div (1 + (U \times V) \div C^2)$$

이것이 바로 새로운 물리학을 만드는 첫 번째 공식입니다.

차가 아주 빨리 달리면 여기서 나오는 빛도 정말 빨라지겠지요?

움직이는 자동차에서 나온 빛의 속력은 변하지 않아요.

무슨 말씀이세요? 갈릴레이의 속력 덧셈 공식에 따라 속력 U로 움직이는 차에서 V로 던진 물체의 속력은 관찰자가 보는 속력 $=U+V$로 빛과 차 속력을 합쳐 더 빨라야지요.

빛과 빛의 속력으로 움직이는 것은 갈릴레이 속력 덧셈 공식이 적용되지 않습니다. 즉 움직이는 차에서 나온 빛의 속력은 원래의 빛의 속력과 같다. 이게 나의 빛의 속력 불변의 법칙이에요.

그리고 물체가 빛의 속력에 가까울 정도로 빨리 움직이면 갈릴레이의 속력 덧셈 공식이 적용되지 않아요. 이게 제가 만든 상대성 이론이랍니다.

아닐 거예요. 내가 더 빨리 달리면 자동차에서 나오는 빛의 속력도 빨라질 거라고요.

헛수고라니까요, 쯧쯧….

3

미래로 갈 수 있을까요?

여러분은 타임머신을 타고 미래로 갈 수 있다는 걸 알고 있나요?
자, 이제부터 신기한 타임머신의 원리를 살펴봅시다.

3

세 번째 수업

미래로 갈 수
있을까요?

아인슈타인은
지난번에 배운 부분을 강조하면서
세 번째 수업을 시작했다.

아인슈타인은 빛처럼 빠르게 움직이는 경우, 새로운 속력의 덧셈 공식이 적용된다는 것을 다시 한 번 강조했다. 그것은 학생들에게 상대성 이론이라고 부르는 새로운 물리학에 대한 수업을 진행하기 위해서였다. 아인슈타인은 학생들에게 질문했다.

빛의 속력은 달라지지 않는다고 했지요? 그럼 어떤 것들이 달라질까요? 우리는 속력이 거리를 시간으로 나눈 것이라고 배웠습니다. 그래서 빛의 속력이 달라지지 않으면 시간과 거리가 달라지게 됩니다. 자, 그럼 실험을 통해 이것을 알아보기로 하겠습니다.

일정한 속력으로 움직이는 기차 안에서 공을 바닥에 떨어뜨렸어요. 그것을 기차 안에 있는 사람이 볼 때와 기차 밖에 있는 사람이 볼 때 어떤 차이가 있을까요?

· 기차 안에 있는 사람이 볼 때: 똑바로 떨어진다.

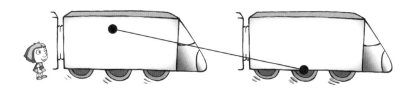

· 기차 밖에 있는 사람이 볼 때: 비스듬하게 내려간다.

이제 이 공을 빛이라고 생각해 봐요. 그럼 빛의 속력은 기차 안의 사람에게나 기차 밖의 사람에게나 똑같겠지요? 빛의 속력은 기차의 속력에 영향을 받지 않을 테니까요.

자! 이제부터 여러분에게 미래로 가는 타임머신의 원리를 알려 주겠어요. 항상 강조하지만 나의 새로운 물리학에서 가장 중요한 것은 빛의 속력이 움직이는 기차의 속력에 따라 달라지지 않는다는 거예요. 꼭 기억해 두세요!

좀전에 기차 안에서 떨어뜨린 공을 빛으로 생각하기로 했습니다. 그럼 누가 봤을 때 빛의 움직인 거리가 더 길까요? 당연히 밖에 있는 사람이 봤을 때입니다.

기차 안의 사람에게나 기차 밖의 사람에게나 빛(공)의 속력은 똑같아요. 기차 안의 사람은 기차와 함께 움직이는 사람이고, 밖의 사람은 정지해 있는 사람이지요? 이제 두 사람의 빛의 속력을 계산하면 다음과 같습니다.

• 기차 안 사람(움직이는 사람)

  빛의 속력 = 기차 안의 사람이 본 빛이 움직인 거리 ÷ 기차 안
  사람의 시간

• 기차 밖 사람(정지해 있는 사람)

  빛의 속력 = 기차 밖의 사람이 본 빛이 움직인 거리 ÷ 기차 밖
  사람의 시간

그런데 기차 안의 사람과 기차 밖의 사람에게 빛이 움직인 거리는 다릅니다. 기차 안의 사람에게 빛이 더 짧은 거리를

움직인 것으로 보이게 됩니다. 하지만 두 사람에게 빛의 속력은 같을 것이므로 다음 식이 성립합니다.

짧은 거리 ÷ 기차 안 사람의 시간 = 긴 거리 ÷ 기차 밖 사람의 시간

기차 안의 시간과 기차 밖의 시간이 달라져야겠지요? 숫자를 넣어 생각해 봅시다. 짧은 거리를 5, 긴 거리를 10이라고 하고 빛의 속력을 1이라고 하면,

5 ÷ 기차 안 사람의 시간 = 1
10 ÷ 기차 밖 사람의 시간 = 1

과 같이 되어 기차 안 사람의 시간은 5, 기차 밖 사람의 시간은 10이 되지요. 그러므로 기차 안의 사람의 시간이 기차 밖의 사람의 시간보다 짧게 된답니다.

미래로 가는 타임머신

시간이 더 짧다는 것이 무슨 뜻인지 알아보겠습니다. 그러

기 위해서 숫자를 넣어 생각해 봅니다. 빛이 바닥에 닿을 때까지 기차 안의 사람에게 1초가 걸렸는데 기차 밖의 사람에게는 10초가 걸렸다고 해 봅시다. 그럼 기차 안에서 2초의 시간이 흐르면 밖에서는 20초의 시간이 흐르게 됩니다. 그러므로 같은 상황을 기차 안의 사람은 기차 밖의 사람보다 짧은 시간 동안 경험하게 되는 거예요. 그래서 기차 안의 시간이 더 천천히 흐르지요. 일반적으로 다음과 같습니다.

움직이는 사람의 시간이 정지해 있는 사람의 시간보다 더 천천히 흐른다.

만일 기차가 엄청나게 빠르다고 해 봅시다. 빛이 움직인 거리는 기차 안의 사람이 볼 때와 기차 밖의 사람이 볼 때 엄청난 차이를 보이겠지요? 예를 들어, 기차가 아주 빨라 기차 안의 시간이 1초 흐를 때 기차 밖의 시간은 10시간이 흘렀다고 합시다.

그럼 이런 기차를 타고 10초 동안 움직이면 기차 밖의 시간은 100시간이 흐릅니다. 따라서 이 기차를 타고 10초 후 기차에서 내리면 기차 밖의 세상은 100시간(약 4일) 후가 될 것입니다. 그러므로 이 사람은 4일 후의 미래로 간 셈입니다.

　만일 기차의 속력이 빛의 속력에 거의 가까울 정도로 빠르다면 기차 안에 있는 사람의 시간과 기차 밖에 있는 사람의 시간 차이는 더 크게 벌어져 이 사람은 10년 후, 100년 후의 미래로 여행할 수 있게 됩니다. 이것이 바로 미래로 가는 타임머신의 원리입니다.

　만일 기차에서 1초의 시간이 흐를 때 밖의 시간이 1년 흐른다면 이 기차를 타고 1시간(3,600초) 여행을 하면 기차 밖은 3,600년 후의 미래가 됩니다. 정말 놀랍지요? 하지만 이것은 엄연한 사실이랍니다.

움직이는 사람의 시간 공식

좋습니다. 여러분에게는 조금 어려운 공식이 되겠지만, 좀 더 깊이 있는 공부를 위해 내가 찾아낸 공식을 소개해 주겠어요.

속력 V로 움직이는 기차에서 시간이 1초 흐를 때

기차 밖의 시간은 $1 \div \sqrt{1 - V^2 \div C^2}$ 초 흐른다.

어! 여기서 이상한 기호 $\sqrt{}$가 나왔군요. 이 기호는 중학교 3학년 때 배우게 되는 기호입니다. 여러분을 위해 간단하게 설명해 줄게요. 기호 $\sqrt{}$는 루트라고 읽습니다. 그리고 엄마들이 가계부를 쓰실 때 사용하는 전자계산기에도 이 기호가 있어요.

과학자의 비밀노트

루트(제곱근의 기호)

제곱근 기호 즉 $\sqrt{}$는 16세기에 처음 사용되었다. 이것은 소문자 r의 모양을 따온 것으로, 라틴어에서 '뿌리' 또는 '근'을 의미하는 radix라는 단어에서 차용한 것이다.

계산기를 꺼내 4를 누르고 $\sqrt{}$ 를 눌러 보세요. 4를 누르고 $\sqrt{}$ 를 누른 값을 $\sqrt{4}$ 라고 합니다. 무엇이 나오나요?

___2가 나와요.

이번에는 9를 누르고 $\sqrt{}$ 를 눌러 보세요. 무엇이 나오나요?

___3이 나와요.

같은 방법으로 16을 누르고 $\sqrt{}$ 를 눌러 보세요. 무엇이 나왔지요?

___4가 나와요.

따라서 다음과 같이 정리할 수 있어요.

$$\sqrt{4} = 2$$
$$\sqrt{9} = 3$$
$$\sqrt{16} = 4$$

여러분은 어떤 규칙을 발견했나요? 4는 2의 제곱, 9는 3의 제곱, 16은 4의 제곱이므로 다음과 같이 쓸 수 있겠지요.

$$\sqrt{2^2} = 2$$
$$\sqrt{3^2} = 3$$
$$\sqrt{4^2} = 4$$

아하! 그러니까 $\sqrt{}$ 는 $\sqrt{}$ 안에 어떤 수의 제곱이 있으면 그 수가 되는 기호입니다. 예를 들어 계산기로 2와 $\sqrt{}$ 를 연속해서 눌러 보세요. $\sqrt{2}$ 를 계산해 보는 것입니다. 무엇이 나왔나요?

1.41421356

계산기에서는 소수점 여덟째 자리까지만 표시가 되는군요. 사실 제곱을 하면 2가 되는 수는 다음과 같습니다.

1.41421356237309…

…은 무엇이냐고요? …은 숫자들이 계속 이어진다는 것을 뜻합니다. 그러니까 이 수는 영원히 끝나지 않는 소수이지요. 이런 소수를 무한소수라고 합니다.

어떤 수의 제곱이 되는 수는 쉽게 $\sqrt{}$ 로 계산할 수 있지만 그렇지 않을 때는 계산기를 써서 필요로 하는 자리까지 반올림하여 사용하면 됩니다.

이제 $\sqrt{}$ 가 무엇인지는 조금 알겠지요? 이제 계산기로 다음과 같이 여러 가지 속력으로 움직이는 곳의 시간이 1초 흘렀을 때 밖에 정지해 있는 시계는 얼마나 긴 시간이 흘렀는지 계산해 보도록 합시다.

100m를 10초에 뛰는 육상 선수 : 1.0000000000000006초

1초에 10km를 가는 로켓 : 1.0000000007초

빛의 속력의 0.9배의 속력 : 2.3초

빛의 속력의 0.99배의 속력 : 7.1초

빛의 속력의 0.9999999999배의 속력 : 70711초

이와 같이 가장 빠른 로켓을 타고 가도 시간은 거의 변하지 않아요. 1초에 10km를 가는 로켓을 타고 1초 달리면 정지해 있는 곳은 1.0000000007초가 흐르니까 로켓에 탄 사람은 0.0000000007초 후의 미래로 간 셈이지요. 이렇게 짧은 시간 후의 미래로 가는 것은 우리가 전혀 느낄 수 없답니다. 하지만 로켓의 속력이 빛의 속력에 가까워지면 미래로 갔다는 것을 느끼게 됩니다.

내가 미래로 갈 수 있는 타임머신을 개발했어.

와! 정말?

자, 나의 타임머신이야.

이게 뭐야?

움직이는 사람의 시간이 정지해 있는 사람의 시간보다 더 천천히 간다는 것은 알고 있지?

그래

이걸 타고 아주 빨리 달려서 내가 1초 흐를 때 주변은 10시간 정도 흐른다고 해 봐. 내가 10초만 가도 100시간이 흘러서 4일 후의 미래에 갈 수 있는 거야.

이게 바로 이 타임머신의 원리지.

와~, 정말 대단하다.

이제 조금만 더 속력을 내면 될 거야.

원리는 좋은데 속력이 부족할 뿐이군….

낑~낑~

4

움직이는 사람에게는
거리가 짧아져요

상대성 이론에 의해 움직이는 사람에게는 두 지점 사이의 거리가
정지한 사람에 비해 짧아집니다. 어떤 원리 때문일까요?

4

움직이는 사람에게는
거리가 짧아져요

아인슈타인은 네 번째 수업에 앞서
지난 시간의 수업 내용을
다시 한 번 강조했다.

지난 수업에서는 시간이 다르게 흐르는 문제에 대해 이야기 했습니다. 움직이는 사람의 시간이 더 천천히 흐른다는 것이지요. 또한 빨리 움직일수록 시간은 더욱더 천천히 흐릅니다.

오늘은 빛처럼 빠르게 움직이면 거리가 어떻게 변하는지 알아봅시다.

우리는 지난 시간에 움직이는 곳의 시간이 정지해 있는 곳의 시간과 다르다는 것을 배웠어요. '거리＝시간×속력'에서 물체의 속력은 달라지지 않고 시간이 달라지므로 거리도 달라져야 합니다.

예를 들어, 토끼가 달리기를 한다고 해 봅시다. 그리고 토끼가 달리기를 마칠 때까지의 시간을 정지해 있는 지윤이의 시계와 토끼의 발목에 걸어 놓은 2개의 시계로 측정합니다. 그럼 토끼는 움직이고 지윤이는 정지해 있으니까 시간이 다르게 흐를 거예요. 누구의 시간이 더 천천히 흐를까요? 당연히 움직이는 토끼의 시간이 더 천천히 흐릅니다. 그런데 토끼의 속력은 정지해 있는 지윤이가 측정할 때나 움직이고 있는 토끼가 측정할 때나 달라지지 않아요. 그렇다면 다음과 같은 결과를 얻을 수 있겠지요.

지윤이 잰 거리 = 토끼의 속력 × 긴 시간

토끼가 잰 거리 = 토끼의 속력 × 짧은 시간

그러므로 토끼가 잰 거리가 더 짧아집니다. 이렇게 움직이는 사람에게는 두 지점 사이의 거리가 짧아지게 된답니다.

움직이는 관찰자에게는 두 지점 사이의 거리가
정지한 관찰자에 비해 짧아진다.

속력이 크면 클수록 두 지점 사이의 거리는 더욱더 짧아지게 됩니다. 물론 이런 현상들을 느끼려면 거의 빛의 속력으로 움직여야 하지요.

안드로메다 여행

그렇다면 거리가 얼마나 짧아지는가를 예를 들어 살펴보겠습니다. 우리 은하에서 가장 가까운 안드로메다까지의 실제 거리(정지한 관찰자가 잰 거리)는 230만 광년이에요. 여기서 1광년이란 빛의 속력으로 1년 동안 간 거리입니다. 1년은 365일이고, 1일은 24시간, 1시간은 3,600초이므로 1광년을 km로 바꾸면 다음과 같아요.

1광년 = $300,000 \times 365 \times 24 \times 3,600 = 9,460,800,000,000$km

엄청난 거리이지요? 230만 광년은 1광년의 230만 배 되는 거리이므로 어마어마한 거리입니다.

안드로메다까지의 거리 = $21,759,840,000,000,000,000$km

그럼 빛의 속력으로 안드로메다까지 가려면 230만 년이 걸릴까요? 상대성 이론을 모르는 사람들은 그렇게 생각할 거예요.

그러나 움직이는 사람에게 거리가 짧아진다는 것을 기억하세요. 나는 1905년에 움직이는 사람에게 거리가 얼마나 짧아지는가에 대한 공식을 찾았어요. 그것은 다음과 같습니다.

정지해 있는 사람이 볼 때 1km의 거리는, 속력 V로 움직이는 사람에게는 $\sqrt{1 - V^2 \div C^2}$ km가 된다.

예를 들어, 빛의 속력의 0.9999999999999999배의 속력으로 움직이는 로켓을 타고 가는 사람의 경우를 생각해 봅시다. 그러면 다음과 같아요.

$V = 0.9999999999999999 \times C$

이 사람에게 실제 거리 1km는 다음과 같이 됩니다.

0.0000000045km

그럼 안드로메다까지 실제 거리 21,759,840,000,000,000,000km는 다음과 같이 줄어듭니다.

97,312,962,839km

이 거리를 빛의 속력인 초속 30만 km로 가면 324,377초가 걸리게 됩니다. 시간으로 고치면 약 90시간이 되니까 4일 정도 걸리는 것입니다.

물론, 이것은 로켓에 있는 사람의 시간으로 4일입니다. 이 사람이 안드로메다에 도착했을 때 지구의 시간은 이 사람이 떠났을 때보다 230만 년 후의 미래가 돼요. 이것은 지구의 시간은 빨리 흐르고 로켓의 시간은 천천히 흐르기 때문입니다.

이렇게 움직이는 사람에게 거리가 짧아지는 것은 움직이는 사람의 시간이 정지해 있는 곳보다 천천히 흐르기 때문이에요.

움직이는 사람에게 거리가 짧아진다면, 우리가 움직이면서 물체를 보면 어떤 일이 생길까요? 우리가 움직이는 속력으로도 상대성 이론의 효과를 느낄 수 있다고 가정해 봅니다.

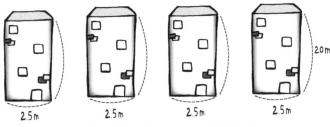

정지해 있는 태호가 보는 건물의 폭

4개의 건물이 나란히 있다고 합시다. 건물 4개의 폭을 합하면 10m이고, 각 건물들의 폭은 같으며 건물의 높이는 모두 20m라고 합시다. 이 4개의 건물을 태호가 제자리에 서서 본다고 합시다. 그러면 태호에게는 하나의 건물의 폭이 얼마인 것으로 보일까요?

__10을 4로 나누면 되므로 2.5m입니다.

이번에는 민지가 아주 빠르게 자전거를 타고 가면서 그 건물들을 본다고 해 봐요. 그런데 움직이는 민지에게는 10m가

1m로 짧게 느껴진다고 해 봅시다. 그럼 민지에게는 하나의 건물의 폭이 얼마로 보일까요?

　　1을 4로 나누면 되니까 25cm가 됩니다.

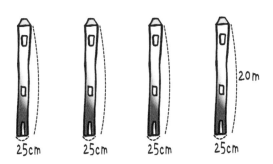

자전거를 타고 움직이는 민지가 보는 건물의 폭

　정지해 있는 태호에게는 건물의 폭이 2.5m인 것으로 보이고, 움직이는 민지에게는 건물의 폭이 25cm인 것으로 보입니다. 따라서 움직이는 민지에게는 건물의 폭이 25cm이고, 높이는 그대로 20m가 되어 건물들이 모두 홀쭉한 모습으로 보이게 됩니다.

　이렇게 상대성 이론에 의하면 움직이는 관찰자에게 정지해 있는 사물의 폭이 좁은 모습으로 보이게 됩니다. 이것은 반대의 경우에도 성립됩니다. 그래서 정지해 있는 관찰자가 움직이는 사물을 보는 경우에도 성립하지요. 즉, 정지해 있는 관찰자에게 움직이는 물체는 폭이 좁아 보이게 될 거예요.

그러므로 만일 어떤 사람이 정지해 있는데 그 앞을 누군가가 자전거를 타고 지나간다면 자전거를 타고 가는 사람은 정지해 있는 사람에게 마른 사람처럼 보이게 될 것입니다.

100미터 금메달입니다. 와와~.

와~, 100미터 달리기에서 금메달이다.

달리기 선수가 뛰는 거리와 우리가 보는 입장에서의 거리가 같을까요?

100미터를 뛰는 거니까 당연히 같은 거리죠.

움직이는 사람과 정지해 있는 사람의 시간이 다르다는 것은 달리기 선수의 입장이나 우리 입장이나 같습니다.

네.

그러나 거리=시간×속력 식에서 달리기 선수 입장에서 더 시간이 짧으므로 달린 거리도 더 짧게 느껴지게 된답니다.

아~, 그렇군요!

그러니까 움직이는 관찰자에게는 두 지점 사이의 거리가 정지한 관찰자에 비해 짧아….

지금 어디 가요?

이렇게 달리면 거리가 가까워지니까 직접 경기장에 가서 시상식을 볼 수 있을지도 모르잖아요.

그 정도의 효과를 얻으려면 빛의 속도로 달려야 한다고요.

움직이면 무거워져요

정지해 있는 물체는 정지 상태를 유지하고 싶어 하고,
움직이고 있는 물체는 그 속력으로 계속 움직이고 싶어 하는 성질,
즉 관성에 대해 알아봅니다.

5

다섯 번째 수업

움직이면 무거워져요

아인슈타인은 왠지
망설이는 듯한 표정으로
다섯 번째 수업을 시작했다.

아인슈타인은 빛의 속력이 달라지지 않는다는 것을 다시 강조했다.

상대성 이론에서 가장 중요한 것은 어떤 속력으로 움직이면
서 빛을 쏜다 해도 빛의 속력은 더 커지지 않고 그대로라는 것
이에요. 그러니까 빛의 속력이 속력의 최댓값이 되는 것입니다.
따라서 물체의 속력은 빛의 속력보다 더 커질 수는 없어요.
그러니까 물체의 속력은 정지해 있을 때의 0부터 최댓값인
빛의 속력 사이의 값이 됩니다. 바로 이것 때문에 움직이는
물체의 질량이 달라지게 되지요.

물론 우리는 질량이 시간과 장소에 따라 달라지지 않는 양이라고 배웠었지요. 하지만 빛처럼 빠르게 움직이면 새로운 물리학인 상대성 이론이 적용되어 질량이 달라지게 됩니다.

자, 그럼 왜 움직이면 물체의 질량이 달라지는가를 살펴보겠습니다. 조금 어려운 내용이니까 비유를 이용해 설명해 볼게요. 우선 물체의 관성에 대해 생각해 보세요. 관성이란, 물체가 원래의 운동 상태를 유지하고 싶어 하는 성질입니다. 즉, 정지해 있던 물체는 정지 상태를 유지하고 싶어 하고, 움직이고 있는 물체는 그 속력으로 계속 움직이고 싶어 하는 성질이지요.

아인슈타인은 학생들과 밖으로 나갔다. 밖에는 무거운 트럭과 가벼운 승용차가 있었다. 아인슈타인은 무거운(질량이 큰) 트럭을 밀었다. 트럭은 아주 천천히 조금 움직이다가 멈추었다. 이번에는 가벼운 승용차를 밀었다. 그러자 앞으로 빠르게 굴러갔다.

주차되어 있는 차를 밀면 차는 원래대로 정지해 있고 싶어 하는 관성을 가지게 됩니다. 그래서 무거운 트럭은 힘을 주어도 천천히 움직이는 거예요. 이처럼 물체가 무거울수록 정지 상태 그대로 있고 싶어 하는 관성 또한 커집니다. 반대로

가벼운 차는 잘 움직였지요? 그것은 가벼워서 정지 상태를 유지하려는 관성이 작기 때문이에요. 이것을 정리해 보면 다음과 같습니다.

질량이 클수록 관성이 커서 운동 상태가 잘 변하지 않는다.

이렇게 질량이 클수록 정지해 있던 물체는 정지 상태로 있고 싶어 하는 관성이 커지죠? 그래서 질량은 관성을 나타내는 양이라고 할 수 있습니다.

따라서 질량이 작으면 정지 상태에서 쉽게 빠른 속력으로 움직일 수 있지만, 질량이 크면 정지 상태를 유지하는 관성이 크기 때문에 큰 힘을 작용해도 속력이 적게 변합니다.

관성이 무한대이면 어떻게 될까요? 관성의 큰 정도를 나타내는 양이 질량이므로, 관성이 무한대이면 질량 또한 무한대가 됩니다. 이렇게 관성이 무한대이면, 다시 말해 질량이 무한대이면 물체에 어떤 힘을 작용해도 정지해 있는 물체는 움직이지 않습니다. 즉, 속력이 변하지 않는 것입니다.

아하, 그러니까 다음과 같은 사실을 알 수 있겠군요.

질량이 작으면(관성이 작으면) 속력이 많이 변한다.

질량이 크면(관성이 크면) 속력이 적게 변한다.

물체의 속력은 가장 작은 정지 상태부터 가장 큰 빛의 속력까지라고 했지요? 자, 이제부터 속력을 전교 등수에 비유해 봅시다.

전교 꼴등은 정지 상태(속력 = 0)에, 전교 1등은 빛의 속력에 대응시켜 봅시다.

만일 어떤 학년이 600명이라고 해 봅시다. 그럼 전교 1등인 학생은 다음 시험에서 얼마나 등수를 올릴 수 있나요? 물론 없지요. 1등보다 더 높은 등수는 없으니까요. 그럼 1등은 등수의 최댓값이 되는군요. 이제 전교 등수가 3등인 친구와

600등인 친구를 봅시다. 3등인 친구는 아무리 많이 등수를 올려도 2등밖에 못 올라갑니다. 반면에 600등인 친구는 많은 등수를 올릴 수 있겠지요.

자, 이제 다시 속력의 얘기로 돌아와 보도록 하지요. 속력이 0일 때는 속력을 크게 증가시킬 수 있지만 속력이 빛의 속력에 가까워질수록 속력을 크게 증가시키기가 힘들어집니다. 그래서 빛의 속력에 도달하면 속력을 더 이상 증가시킬 수 없게 됩니다. 속력을 크게 증가시킬 수 있다는 것은 관성이 작다(질량이 작다)는 것을 뜻하고, 속력을 증가시키기 어렵다는 것은 관성이 크다(질량이 크다)는 것을 말합니다. 그러므로 다음과 같은 결론을 얻을 수 있습니다.

물체의 속력이 커질수록 관성이 커진다(질량이 커진다).

그럼 빨리 움직일수록 점점 질량이 증가한다는 것을 알 수 있습니다. 물론 물체의 질량이 제일 작을 때는 물체가 정지해 있을 때가 됩니다.

나는 복잡한 수학을 이용하여 움직이는 속력과 질량의 증가 사이에 대한 공식을 찾아냈습니다. 그것은 다음과 같습니다.

정지해 있을 때 1kg인 물체가 속력 V로 움직이면

그때 물체의 질량은 $1 \div \sqrt{1 - V^2 \div C^2}\,$ kg이 된다.

자! 그럼 계산기를 이용하여 여러 가지 빠르기로 움직였을 때 질량이 얼마나 증가하는지를 알아봅시다. 예를 들어, 60kg인 사람이 빛의 속력의 0.6배의 속력으로 뛰면 75kg이 되고, 빛의 속력의 0.9배로 뛰면 138kg이 되고, 0.999배의 속력으로 뛰면 1,342kg이 됩니다. 물론 이렇게 빛의 속력에 가까운 속력으로 움직일 때는 질량 증가가 두드러지지만 보통 우리가 달리기를 하는 경우에는 질량이 거의 달라지지 않지요.

예를 들어, 60kg인 사람이 초속 10m의 빠르기로 달리고 있을 때 이 사람의 질량은 약 60.00000000000003kg이 되어 거의 달라지지 않습니다. 이처럼 상대성 이론의 효과는 물체가 빛의 속력에 가까운 속력으로 움직일 때만 느낄 수 있답니다.

빛의 질량

형광등을 켜면 방 안이 환해지죠? 그것은 형광등에서 빛이 나오기 때문입니다. 그렇다면 빛의 질량은 얼마일까요? 결론부터 얘기하면 빛의 질량은 0입니다. 다시 말해 빛은 질량이 없는 것입니다. 만일 빛의 질량이 있다면 아무도 살 수 없어요. 왜 그럴까요?

빛은 어떤 속력으로 움직이나요? 당연히 빛의 속력으로 움직이지요? 그러니까 앞선 공식에서 $V = C$가 됩니다. 그런데 빛이 질량을 가지고 있다면 정지해 있을 때 1kg의 빛이 움직이는 순간 무한히 큰 질량으로 변하게 되지요.

$$V = C \text{이면 } V^2 \div C^2 = 1 \text{이므로}$$

$$1 \div \sqrt{1 - V^2 \div C^2} = 1 \div \sqrt{1 - 1} = 1 \div 0$$

이 되지요. 그런데 1을 0으로 나누면 무한히 큰 수가 되니까 정지해 있을 때의 질량이 움직이는 순간 무한히 큰 질량으로 증가하게 됩니다. 그런데 이것이 사실이라면 우리는 형광등에서 나온 무한히 큰 질량의 빛에 맞아 모두 살 수 없을 거예요. 그런데 우리는 빛을 받았다고 해서 아프다고 느끼지는 않지요? 그것은 바로 빛의 질량이 원래부터 0이기 때문이에요. 0에는 어떤 수를 곱해도 다시 0이 되므로 빛은 움직여도 질량은 0이 되는 것이지요.

운동 에너지 – 움직이는 물체가 갖는 에너지

여러분은 운동 에너지란 말을 들어보았나요? 여러분의 앞으로 무거운 사람이 빠르게 뛰어오거나 가벼운 사람이 천천히 걸어온다면, 2가지 중 언제 더 두려움을 느끼나요? 당연히 무거운 사람이 빨리 뛰어오는 경우가 되겠지요? 아주 무거운 사람이 매우 빠르게 뛰어오는데 만일 여러분이 그 사람과 부딪친다면 여러분은 크게 다치게 될 거예요.

이렇게 움직이는 물체에서는 질량뿐 아니라 속력도 중요한 역할을 하는데, 이때 움직이는 물체가 가지는 에너지를 운동 에너지라고 합니다. 뉴턴의 물리학에 의하면 운동 에너지는 다음과 같이 정의됩니다.

$$\text{운동 에너지} = \frac{1}{2} \times \text{질량} \times \text{속력}^2$$

여기서 질량의 단위가 kg이고 속력의 단위가 m/s일 때 운동 에너지의 단위는 'J'라고 쓰고 줄이라고 읽습니다. 예를 들어, 질량이 100kg인 사람이 10m/s의 속력으로 달릴 때 이 사람의 운동 에너지는 5000J이 되고, 질량이 20kg인 어린이가 3m/s의 속력으로 달릴 때 이 어린이의 운동 에너지는 90J

이 됩니다. 그러므로 운동 에너지는 질량이 클수록, 속력이 클수록 커집니다. 만일 물체가 정지해 있다면 물체의 속력은 0이므로 물체의 질량과 관계없이 물체의 운동 에너지는 0이 되겠지요.

물론 지금까지 이야기한 운동 에너지는 과거의 이론입니다. 즉, 내가 만든 상대성 이론을 적용하기 전의 이론이지요. 그럼 상대성 이론에 의하면 물체의 운동 에너지는 어떻게 될까요? 상대성 이론에서 물체의 질량은 물체가 어떤 속력으로 달리는가에 따라 달라집니다. 그러므로 어쩔 수 없이 새로운 공식이 필요합니다. 이 공식은 대학교에서나 배울 수 있는 것인데, 공식만 간단히 소개하기로 하지요. 다음과 같습니다.

물체가 속력 V로 움직이고 있을 때 물체의 질량을 M이라고 하면 물체의 운동 에너지 E는 다음과 같이 주어진다.

$$E = M \times C^2$$

이것이 바로 질량과 에너지에 대한 나의 유명한 공식입니다. 물체가 빨라질수록 물체의 질량은 커지므로 물체의 운동 에너지는 커집니다.

아, 더 이상 못 뛰겠다.
헉헉헉

얼마나
뛰었다고 그래?

이건 다 관성 때문이야.

관성이 뭔데?

그러니깐 그게…
일단 정지한 물체는….

뭐야? 잘 알지도 못하면서.
박사님, 관성이 뭐예요?

관성이란 물체가 원래의
운동 상태를 유지하고 싶어하
는 성질입니다. 즉, 정지해 있던
물체는 정지 상태를 유지하고, 움직
이고 있는 물체는 그 속력으로 계속
움직이고 싶어 하는 성질이지요.

그런데 질량이 큰 물체일수록 관
성이 커 운동 상태가 잘 변하지
않습니다. 물체가 무거울수록 잘
멈추거나 움직이지 못하는 건 바
로 이런 이유 때문이랍니다.

그리고 질량이 큰 경우 잘 움직이지
못해 속력을 증가시키는 게 힘들다
는 것으로부터 물체의 속력이 커질
수록 질량(관성)이 커진다는 결론을
낼 수 있답니다. 점점 빨리 움직일수
록 질량의 증가 정도는 더 크답니다.

아, 그럼 제가 움직일수록
몸무게가 더 늘어나는 거잖
아요. 움직이면 안 되겠다.

그건 아니거든! 빛의 속력에 가까운
속력으로 움직일 때만 그렇다고! 우리
가 달리는 경우에는 질량이 거의 달라
지지 않아.
그렇죠, 박사님!

잘 알고 있네요.

6

우주는 어떤 공간일까요?

우주는 몇 차원의 공간일까요?
우리는 어떤 공간에서 살고 있는지 상대성 이론에 비추어 알아볼 수 있답니다.

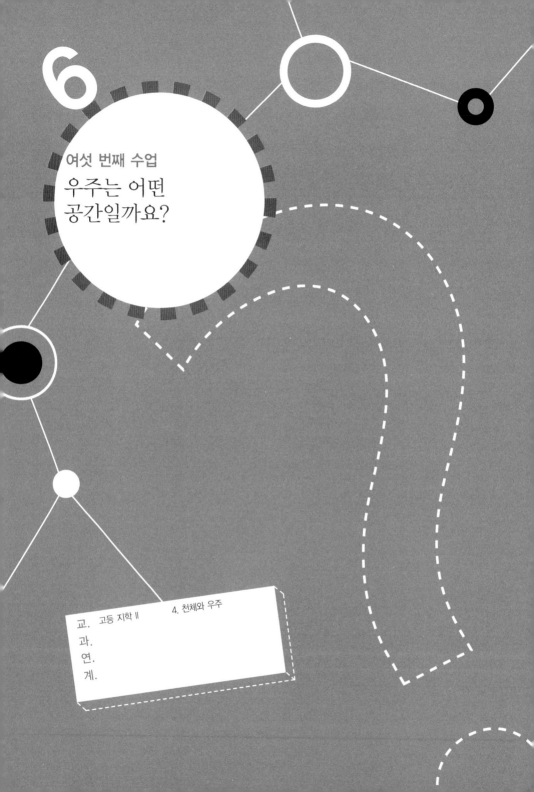

6

여섯 번째 수업

우주는 어떤
공간일까요?

교. 고등 지학 II   4. 천체와 우주
과.
연.
계.

아인슈타인은
뭔가 생각에 잠겨 있다가
여섯 번째 수업을 시작했다.

아인슈타인은 오늘 공부하게 될 노트를 뒤적이다가 말없이 교실 앞쪽의 창문 밖을 바라보고 있었다. 학생들은 조용히 수업을 기다리고 있었다. 아인슈타인이 수업을 시작했다.

여러분은 우리가 살고 있는 우주가 몇 차원이라고 생각하나요?

아무도 대답하지 않았다. 잠시 침묵이 흘렀다.

차원에 대해 아는 학생이 없는가 보군요. 좋아요. 그럼 차원에 대한 설명을 먼저 하겠어요.

아인슈타인이 칠판에 점을 찍었다.

점이 보이지요? 점은 0차원이에요.

아인슈타인은 칠판에 선을 그렸다.

선은 1차원입니다.

아인슈타인은 칠판에 네모를 그렸다.

사각형이 보이지요? 이것은 4개의 변으로 둘러싸여 있는데 이런 도형은 2차원을 나타냅니다.

아인슈타인은 학생들에게 주사위를 보여 주었다.

이렇게 면으로 둘러싸인 것을 입체라고 합니다. 입체는 3차원이에요. 이제 차원이 뭔지 감이 오나요? 그렇다면 4차원은 무엇일까요?

다시 또 침묵이 흘렀다. 학생들은 4차원의 도형을 머릿속에 그려 보려고 애를 쓰는 것 같았다.

4차원은 입체로 둘러싸인 도형이에요. 그런데 불행히도 우리는 그것을 그릴 수 없답니다. 우리 인간이 3차원 생명체이기 때문이지요. 3차원 생명체가 그보다 높은 차원인 4차원 이상의 도형을 볼 수는 없어요. 하지만 여러분의 상상으로 그려 볼 수 있을 거예요.

차원의 알기 쉬운 정의

자, 이번에는 다른 방법으로 차원을 생각해 보겠어요. 먼저 1차원 직선을 보겠습니다.

양 끝은 2개의 점이지요? 그렇다면 2개의 점을 잇는 직선은 몇 개일까요?

1개입니다. 좋아요. 그렇다면 2차원을 보겠습니다.

4개의 점이 있군요. 하나의 점에 연결되어 있는 선은 몇 개이지요?

__2개입니다.

아하! 2차원 물체인 사각형의 각 꼭짓점에는 2개의 선이 서로 수직으로 만나는군요. 그럼 이제 3차원의 경우를 봅시다.

8개의 점이 있군요. 그럼 하나의 점에 연결된 선은 몇 개이지요?

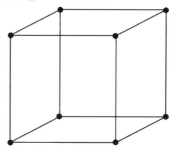

__3개입니다.

그렇군요. 3차원 입체인 정육면체의 한 꼭짓점에는 서로 수직인 3개의 선이 만나는군요. 그렇다면 이제 4차원에 대해서도 생각할 수 있을 거예요. 4차원 입체는 하나의 점에 서로 수직인 4개의 선이 만나겠지요? 물론 우리는 4개의 선이 서로 한 점에서 수직으로 만나게 할 수는 없어요. 앞에서도 이야기했듯이 우리는 3차원까지만 볼 수 있는 3차원 생명체이니까요. 하지만 4차원 도형을 상상으로 그려 볼 수는 있습니다.

우주의 차원

그런데 왜 갑자기 4차원에 관해 이야기를 하느냐고요? 나의 상대성 이론에 따르면 우리가 살고 있는 우주는 4차원이 되어야 하기 때문이에요. 물론 뉴턴의 물리학에서 우주는 3차원이지만요.

우리를 포함해 우리 눈에 보이는 모든 물체는 3차원인데 우리의 우주가 4차원이 될 수 있을까요? 물론입니다. 공간은 물체의 차원보다 크거나 같으면 되거든요. 예를 들어, 다음 그림을 보세요.

1차원 직선(갈색 선)이 1차원의 공간(검은 선)에 놓여 있지요? 하지만 1차원 직선이 다른 차원에서 살 수도 있어요.

이번에는 2차원 공간(검은색 직사각형)에 1차원 직선이 놓여 있군요. 1차원 직선(갈색 선)은 1차원 이상의 공간에 놓일 수 있답니다.

그러므로 우리는 3차원 이상의 공간에서 살 수 있어요. 그런데 뉴턴은 우리가 사는 공간을 3차원의 우주로 택했고, 나는 4차원의 우주로 택한 것입니다. 그럼 왜 한 차원이 추가되었을까요?

아인슈타인은 갑자기 앞뒤로 움직였다.

내가 이렇게 움직인 것이 하나의 방향입니다.

아인슈타인이 좌우로 움직였다.

좀전에 움직인 방향과 수직인 방향으로 움직였지요? 이 방향이 바로 또 하나의 차원을 나타내는 것이랍니다.

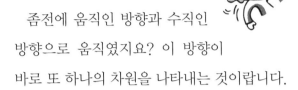

아인슈타인이 위로 껑충 뛰어 올랐다가 내려왔다.

앞선 두 방향의 움직임과 수직인 방향으로 내가 움직였지요? 이것이 또 하나의 차원을 나타냅니다. 그러므로 내가 움직일 수 있는 방법은 이렇게 서로 수직인 세 방향이 있습니다. 그래서 나는 3차원 이동을 할 수 있는 것이지요. 이렇게 물체의 움직임이 세 방향으로만 이루어질 수 있다고 생각하여 뉴턴은 우리가 사는 우주를 3차원 공간으로 선택했어요.

그런데 상대성 이론에서는 또 하나의 움직임이 있어요. 상대성 이론에 따르면 움직이는 사람과 정지해 있는 사람의 시간이 다르다고 했지요? 정지해 있는 사람의 시간이 움직이는 사람의 시간보다 길기 때문에, 정지해 있는 사람의 시계로 움직이는 사람은 미래로 갈 수 있어요. 이러한 시간 이동도 또 하나의 움직임의 방향으로 택해야 돼요. 그래서 나는 공간 3차원과 시간 1차원을 합쳐 우리가 사는 우주가 4차원의 시공간이어야 한다고 생각하게 되었어요.

그리고 4차원 우주에서 물체들의 운동을 다루다 보니 뉴턴과는 비교도 안 될 정도로 복잡하고 어려운 수학(박사 과정의 수학)을 필요로 하게 된 것이지요. 4차원의 수학이 너무 어려워서 여러분에게 자세한 설명을 할 수는 없지만 여러분이 이해할 수 있는 예를 통해 4차원 수학의 묘미를 느낄 수 있도록 해 보겠습니다.

4차원 주사위

자, 이제 여러분에게 4차원 주사위를 만들어 보이겠어요.

학생들은 깜짝 놀란 표정을 지었지만, 아인슈타인이 거짓말을 하는 거라고 생각하지는 않았다.

우선 0차원의 주사위는 점입니다. 그리고 1차원의 주사위
는 선이에요.

1차원 주사위의 경계가 2개의 점으로 되어 있다는 것을 꼭
기억해 주세요. 2차원의 주사위는 정사각형입니다.

2차원의 주사위는 4개의 선으로 둘러싸여 있군요. 3차원의
주사위는 우리가 흔히 가지고 노는 정육
면체의 주사위예요.

6개의 면으로 둘러싸여 있군요.
그렇다면 다음과 같이 표로 만들어
봅시다.

차원	경계의 종류	경계의 개수
1차원 주사위	점	2
2차원 주사위	선	4
3차원 주사위	면	6
4차원 주사위	입체	?

아하! 2, 4, 6으로 변하고 커지니까 4차원 주사위는 8개의
입체(정육면체)로 둘러싸여 있겠군요.

자, 이번에는 꼭짓점의 개수를 차례로 살펴보겠습니다. 각
차원 주사위의 꼭짓점의 개수는 다음과 같아요.

1차원 ·· 2개

2차원 ·· 4개

3차원 ·· 8개

어떤 규칙이 있나요? 다음과 같은 사실을 발견할 수 있을 거
예요.

1차원 주사위의 꼭짓점 개수 ·· 2

2차원 주사위의 꼭짓점 개수 ·· $4 = 2 \times 2$

3차원 주사위의 꼭짓점 개수 ·· $8 = 2 \times 2 \times 2$

그렇다면 4차원 주사위의 꼭짓점 개수는 몇 개가 될까요?

__ $2 \times 2 \times 2 \times 2 = 16$이므로 16개입니다.

그래요. 우리는 4차원 주사위가 16개의 꼭짓점을 가지고 있다는 것을 알아냈어요. 자, 이번에는 선의 개수를 따져 보겠습니다. 3차원 주사위의 선의 개수는 12개이지요? 이것을 어떻게 계산했을까요? 한번 살펴보겠습니다. 3차원 주사위의 한 꼭짓점에는 몇 개의 선이 만나지요?

__3개입니다.

꼭짓점이 8개이므로 $8 \times 3 = 24$개의 선이 되는데, 하나의 선이 2번씩 헤아려졌지요?

그래서 2로 나누어 주면 12개가 되는 거예요. 이제 4차원 주사위의 선의 개수를 구해 봅시다. 한 꼭짓점에 몇 개의 선이 만나나요?

__4개입니다.

그래요. 그렇다면 꼭짓점의 개수는

16개이므로 $4 \times 16 = 64$이고, 하나의 선이 2번씩 헤아려졌으니까 2로 나누면 4차원 주사위의 선의 개수는 $64 \div 2 = 32$개가 됩니다.

자, 이제 마지막으로 4차원 주사위의 면의 개수를 구하면 되는군요. 2차원 주사위의 한 점에는 몇 개의 선이 붙어 있지요?

＿2개입니다.

그럼 3차원 주사위의 한 선에는 몇 개의 면이 붙어 있나요?

＿2개입니다.

4차원 주사위의 경우도 마찬가지입니다. 4차원 주사위의 한 면에는 2개의 입체가 붙어 있을 거예요. 하지만 우리는 면의 개수를 모르니까 면의 개수를 □라고 해 봅니다.

한 면에 2개씩의 입체가 붙어 있으니까 우선 □×2개의 입체가 생기지요? 그런데 하나의 입체(정육면체)는 6개의 면을 가지고 있으니 6으로 나눠야 입체의 개수가 되겠네요. 그럼 입체의 개수는 □×2÷6이 돼요. 그런데 4차원 주사위의 입체의 수는 8개이니까 □×2÷6 = 8이 되는 □가 4차원 주사위의 면의 개수입니다. 그러므로 4차원 주사위의 면의 개수는 24개예요. 자, 그럼 4차원 주사위를 구성하는 모든 것의 개수를 알아냈어요.

4차원 주사위는 16개의 꼭짓점, 32개의 모서리, 24개의 면, 8개의 입체를 가지고 있다.

4차원 주사위의 전개도

우리는 지금까지 4차원 주사위의 점·선·면·입체의 개수를 찾아냈어요. 하지만 4차원 주사위를 만들 수는 없군요.

학생들은 약간 낙심하는 표정이었다.

하지만 방법이 있어요. 여러분은 정육면체를 만들 때 어떻게 만들지요? 아마 종이에 전개도를 그린 다음에 오려서 풀로 붙여 만들었을 거예요. 이때 3차원 주사위의 전개도는 3차원이 아니라 2차원(종이)이었지요?

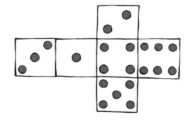

마찬가지로 4차원 주사위의 전개도는 3차원이에요. 4차원 주사위의 전개도는 다음과 같이 8개의 정육면체를 붙여 만든답니다.

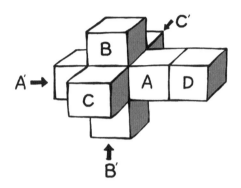

하지만 불행하게도 이 전개도를 접어 4차원 주사위를 만들 수는 없답니다. 우리는 접어야 하는 방향을 모르기 때문이지요. 볼 수는 없지만 우리는 수학의 위대한 힘으로 4차원 주사위의 모습이 대충 어떤 모습인지를 떠올릴 수 있게 되었어요. 이제 우리가 사는 우주가 4차원의 시공간이라는 것을 머릿속에 떠올려 우주의 비밀을 밝혀 보기로 해요.

지구가 인형을 잡아당겨요

우리의 무게는 왜 생기는 것일까요?
바로 지구가 우리를 잡아당기는 중력 때문이랍니다.

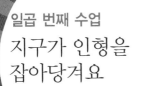

일곱 번째 수업

지구가 인형을
잡아당겨요

아인슈타인이 조금
자신이 없어 보이는 표정으로
일곱 번째 수업을 시작했다.

오늘 수업은 조금 어려운 내용입니다. 하지만 상대성 이론
이 우리가 사는 우주에서 어떻게 적용되는가를 알기 위해서
필요한 것인 만큼 주의를 기울여 주세요. 먼저 우리는 가속
도와 중력이 같은 역할을 한다는 원리에 대해 이야기할 필요
가 있습니다. 지금 가속도와 중력이라는 2가지 단어를 언급
했어요. 둘 다 어려운 내용이지요. 그럼 먼저 가속도에 대해
설명하겠습니다.

아인슈타인은 갑자기 오른쪽으로 뛰었다.

내가 처음에는 정지해 있다가 오른쪽으로 움직였지요? 그렇다면 무엇이 변했을까요? 변한 것은 바로 속도입니다. 처음에는 정지해 있었기 때문에 속도가 0이었다가 나중에는 오른쪽으로 뛰어갔으니까 어떤 속도를 가지게 되었지요? 이렇게 속도가 변할 때 얼마나 변했는가를 나타내기 위해 가속도를 사용합니다.

내가 정지해 있다가 2초 후에 10m/s의 속도가 되는 경우와 정지해 있다가 3초 후에 12m/s의 속도가 되는 경우를 보겠습니다. 두 경우 모두 속도가 변했지요? 처음 속도는 0이었으니까요. 그렇다면 어떤 경우가 속도가 더 많이 변했을까요? 이 둘의 경우 정지 상태에서 어떤 속도가 되는 데 걸린 시간이 다르군요. 이럴 때 공평한 비교를 위해서 일정한 시간 동안 어느 쪽 속도가 더 많이 변했는지를 비교하면 됩니다. 그 일정한 시간을 1초로 정합시다. 그러면 두 경우 우리는 다음과 같은 변화를 알 수 있습니다.

첫 번째: 2초 동안 속도가 0에서 10m/s로
두 번째: 3초 동안 속도가 0에서 12m/s로

두 경우는 같은 시간 동안 속도가 변한 것이 아니지요? 이럴 때 어느 경우가 더 속도 변화가 큰지 공평하게 나타내기 위해 1초 동안의 속도 변화를 비교하게 됩니다. 이것을 가속도라고 불러요.

첫 번째 경우를 보겠습니다. 2초 동안 속도의 변화가 10m/s이니까 1초 동안 속도의 변화는 $10 \div 2 = 5m/s^2$가 되는군요. 이때 가속도는 $5m/s^2$이라고 해요. 여기서 m/s^2은 가속도의 단위랍니다. 두 경우의 가속도를 구해 보면 다음과 같아요.

첫 번째: 가속도 $= 5m/s^2$
두 번째: 가속도 $= 4m/s^2$

그러므로 첫 번째 경우가 가속도가 더 큰 경우예요. 자, 그럼 가속도를 다음과 같이 쓸 수 있네요.

가속도 = 속도의 변화 ÷ 속도 변화에 걸린 시간

그렇다면 물체의 속도가 변하지 않을 때 가속도는 얼마일까요?

이때는 속도의 변화가 0이므로 가속도는 0이 됩니다.

중력

이번에는 중력에 대한 이야기를 할
차례군요.

아인슈타인은 손에 들고 있던 사과를 땅
에 떨어뜨렸다.

사과가 땅에 떨어지는 것은 지구가 사과를 잡아당기기 때
문이지요. 이렇게 지구가 사과를 잡아당기는 힘을 만유인력
이라고 부릅니다. 만유인력은 질량을 가진 두 물체 사이에
작용하는 힘이지요.

이 힘은 영국의 위대한 물리학자 뉴턴(Isaac Newton,
1642~1727)이 처음으로 알아냈어요. 이 힘은 두 물체 사이의
질량의 곱에 비례하고, 두 물체 사이의 거리의 제곱에 반비
례하는 크기를 가집니다. 그러므로 사과와 지구 사이의 만유
인력은 사과와 지구의 질량의 곱에 비례하고, 사과와 지구

과학자의 비밀노트

뉴턴(Isaac Newton, 1642~1727)

영국의 물리학자이자 수학자이다. 근대 역학의 완성자이자 미분·적분학의 창시자이다. 그리고 천문학, 광학, 자연철학, 신학 등에서도 활약하였다. 그의 유명한 저서 《자연철학의 수학적 원리》(1687)는 고전 역학의 기초를 제공하였다. 저서에서 그는 만유인력과 3가지의 운동 법칙을 소개하였다. 그리고 반사 망원경을 제작하였고, 프리즘을 통해 빛의 분산 실험을 하였다.

사이의 거리의 제곱에 반비례합니다.

이때 사과와 지구 사이의 거리는 사과의 중심과 지구의 중심 사이의 거리입니다. 그런데 사과의 크기가 지구의 반지름에 비해 너무 작기 때문에 이 거리는 지구의 반지름으로 보아도 됩니다.

사과와 지구 사이의 만유인력은 사과와 지구의 질량의 곱에 비례하고, 지구의 반지름의 제곱에 반비례합니다.

그럼 사과를 달에서 떨어뜨리면 어떻게 될까요?

그때는 사과와 달 사이의 만유인력을 받겠지요. 그 힘은 사과와 달의 질량의 곱에 비례하고 달의 반지름의 제곱에 반비례하는 크기를 갖게 된답니다.

여기서 우리는 사과가 받는 힘이 지구와 달에서 달라진다는 것을 알았습니다. 같은 물체라 해도 반지름과 질량이 다른 천체에서는 받는 힘이 달라지는 것이지요. 이렇게 어떤 천체가 물체를 잡아당기는 만유인력을 그 천체의 중력이라고 합니다.

달에서의 중력은 얼마일까요?

달의 반지름과 질량을 통해 계산하면 달의 중력이 지구 중력의 $\frac{1}{6}$ 입니다. 이렇게 달은 중력이 작기 때문에 물체를 잡아당기는 힘이 작답니다. 그래서 달에서는 지구보다 높은 곳까지 쉽게 점프할 수 있어요.

아인슈타인은 학생들 앞에 저울을 가지고 왔다. 저울의 눈금은 0을 가리키고 있었다. 아인슈타인이 올라타자 저울의 눈금은 60을 가리켰다.

여러분은 지금 지구가 나를 잡아당기는 중력을 눈으로 보고 있어요. 지구가 나를 잡아당기는 힘만큼 저울의 용수철이 압축되어 눈금이 돌아가지요. 그러니까 나보다 더 무거운 사람이 있으면 용수철을 더 많이 압축시키게 되므로 저울은 큰 눈금을 가리킵니다. 저울에 나타난 눈금을 우리는 무게라고 하지요. 나의 무게는 바로 지구가 나를 잡아당기는 중력입니다.

그래서 무게는 지구가 아닌 다른 행성에서마다 달라집니다. 예를 들어, 달이 물체를 잡아당기는 중력은 지구가 잡아당기는 중력의 $\frac{1}{6}$ 이므로 달에서는 용수철을 지구의 $\frac{1}{6}$ 만큼만 압축시킬 수 있어요. 달에서 내가 이 저울에 올라타면 눈금은 10을 가리키게 됩니다.

몸무게의 단위는 흔히 kg이라고 합니다. 하지만 kg은 무게의 단위가 아니라 질량의 단위예요. 힘의 단위는 N(뉴턴)을 쓰는데, 질량이 60kg인 나의 무게는 지구에서는 10을 곱한 값인 약 600N이 됩니다. 달에서 나의 질량은 그대로 60kg이지만 무게는 100N이 됩니다. 이렇듯 질량은 행성에 따라 달라지지 않지만 무게는 행성에 따라 달라질 수 있어요.

엘리베이터 실험

아인슈타인은 학생들을 데리고 속이 환히 들여다보이는 투명 엘리베이터 앞으로 갔다. 1층에서 5층까지 올라갈 수 있는 엘리베이터

였다. 각 층의 높이는 약 2m 정도였고 줄에 매달려 올라가는 장치
였다.

자, 이제 가속도가 중력을 만들거나 없앨 수 있다는 것을
알아보기로 하겠습니다.

아인슈타인은 엘리베이터에 미니 저울을 놓고
그 위에 조그만 인형을 올려놓았다. 저울의
눈금이 2kg을 가리켰다.

자, 이제 이 엘리베이터를 위
로 가속시켜 볼게요. 그럼 가속
도 때문에 인형의 무게가 달라
진다는 것을 알 수 있을 거예요.

아인슈타인은 버튼을 눌렀다. 엘리베이터는 점점 빠르게 위로 올라
갔다. 그때 미니 저울의 눈금은 2.1kg으로 올라갔다.

보았지요? 위로 가속되는 장소에서 물체의 무게가 증가하
는 것을 관찰했어요. 이것은 물체가 위로 가속되면 물체는

원래의 상태로 있고 싶어 하는 관성을 가지기 때문에 위와 반대 방향으로 힘이 작용해서 생기는 현상이에요. 이 힘이 지구가 인형을 잡아당기는 힘의 방향과 같아서 인형의 무게가 더 커지는 것입니다. 반대로 물체가 아래로 내려오면서 빨라지면 물체의 무게는 작아집니다.

아인슈타인은 엘리베이터를 5층에서 1층으로 점점 빠르게 내려오게 하였다. 저울의 눈금이 2kg에서 1.9kg으로 변했다.

아래로 가속되면 물체의 관성이 반대 방향인 위로 생기게 됩니다. 그런데 이 힘은 지구가 인형을 잡아당기는 힘과 반대 방향이니까 물체의 무게를 줄이는 역할을 하게 되는 거예요.

이렇게 가속도는 중력을 만들어 주기도 하고 중력을 빼앗아 가기도 하지요. 이것은 가속도와 중력이 같은 역할을 한다는 것을 의미합니다.

내가 너보다 몸무게가 훨씬 적게 나가네?

내가 훨씬 많이 나가네…. 몸무게는 왜 생기는 걸까?

그건 지구가 잡아당기는 힘인 중력 때문이에요.

지구가 잡아당기는 힘은 뉴턴이 발견한 만유인력 아닌가요?

만유인력은 질량이 있는 두 물체가 서로 끌어당기는 힘이지요. 이 힘은 두 물체 사이의 질량의 곱에 비례하거나 두 물체 사이의 거리의 제곱에 반비례한답니다.

중력도 만유인력과 같은 건가요?

어떤 천체가 물체를 잡아당기는 만유인력이 중력이지요. 즉 찬호가 세리보다 질량이 커서 지구가 많이 잡아당기기 때문에 몸무게가 많이 나가는 것이지요.

그럼 몸무게를 줄일 수 있는 방법은 없을까요?

중력 지구 중력

열심히 운동을 하면 줄일 수 있지 않을까요?

그 방법은 너무 힘들어요.

이런 방법도 있지요. 달에 가면 달의 중력이 지구보다 $\frac{1}{6}$이 작아서 몸무게가 $\frac{1}{6}$로 줄어드니까 달에 가서 몸무게를 재면 돼요.

우아, 그 방법이 괜찮은데요.

$\frac{1}{6}$

결국 지구를 떠나야 가능한 거네, 후후.

지구

달

중력은 빛을 휘게 해요

아인슈타인이 상대성 이론을 통해 밝힌 우주의 놀라운 신비!
바로 우주와 중력과 빛에 대한 새로운 발견입니다.

아인슈타인은
고무줄과 막대, 공을 가져와
여덟 번째 수업을 시작했다.

우리 우주가 4차원 시공간이라는 것은 설명했지요? 이제 우리 우주가 중력 때문에 휘어져 있다는 것을 설명해야겠어요. 4차원이 휘어진다는 것은 눈으로 볼 수 없으니까 우선 좀 더 간단한 차원에서부터 생각해 봅시다. 우리가 살고 있는 우주가 1차원이라고 해 봅니다.

아인슈타인은 나무 막대에다
고무줄을 수평으로 묶었다.

자, 이 고무줄을 우리가 살고 있는 우주라고 해 봅니다. 이제 이 우주에 중력이 있는 천체들이 있다고 합시다.

아인슈타인은 고무줄에 무거운 공과 가벼운 공을 하나씩 매달았다.

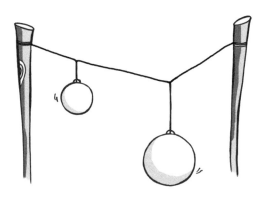

공은 무게를 가지고 있어요. 무게는 곧 중력을 말합니다. 그러니까 중력이 있는 곳에서 '고무줄 우주'가 휘어지는 것을 볼 수 있지요? 그런데 무거운 공을 매단 곳이 더 많이 휘어지는군요. 무거운 공은 가벼운 공보다 중력이 더 큽니다. 그래서 고무줄 우주에서는 중력이 큰 곳이 더 많이 휘어지게 되는 것입니다.

2차원에서는 어떨까요? 2차원은 면이지요. 우선 휘어지지 않은 평평한 우주를 봅시다.

아인슈타인은 잘 늘어나는 고무막을 설치했다.

이 평평한 고무막을 2차원 우주라고 해 봅시다. 아직은 휘어져 있지 않지요? 이제 이 위에 중력이 있는 물체들을 올려놓아 보겠어요.

아인슈타인은 무거운 공과 가벼운 공을 고무막 위에 올려놓았다.

2차원 우주가 공 주변에서 휘어졌군요. 공을 천체로 생각해 봅시다. 그럼 우주가 천체들의 중력 때문에 휘어졌다는 걸 의미하겠지요. 그런데 이 경우도 무거운 공 주변이 더 많이 휘어졌군요. 무거운 공은 중력이 큰 천체를 말하므로 우주는 중력이 큰 천체 주변에서 더 많이 휘어진다는 것을 알 수 있어요.

이와 같이 지구 주위를 살펴보면 중력이 가장 큰 태양 주변에서 우주는 가장 많이 휘고 중력이 작은 달 주변에서는 적게 휘어지겠지요. 하지만 우리는 우리의 우주가 휘어져 있는 것을 볼 수는 없답니다. 왜냐하면 휘어진 4차원을 우리는 눈으로 확인할 수 없기 때문이에요. 하지만 상상으로 그려 보세요.

우주가 휘어지면 무엇이 달라질까?

우주가 천체들의 중력으로 휘어지면 어떤 일들이 벌어질까요? 우선 우리의 우주를 2차원 고무막처럼 생각해 봅시다. 그래야 휘어지는 모습이 보이니까요. 평평한 우주와 휘어진 우주의 차이점은 무엇일까요?

아인슈타인은 복사지 여러 장을 꺼내 학생들에게 나누어 주었다.

자, 이제 이 종이를 우주라고 생각해 봅시다. 그리고 평평할 때와 휘어졌을 때의 우주가 달라지는 것을 확인해 볼 것입니다. 우선 다음과 같이 종이 안쪽에 태양의 위치를 점으로 나타내 보세요.

그리고 대각선을 그려요.

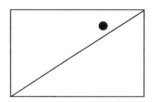

이 대각선을 빛이 지나가는 길이라고 생각해 봅시다. 빛은 두 지점 사이를 가장 짧게 지나가는 성질이 있지요. 그러므로 이 빛은 태양 주위를 지나가는 가장 짧은 길인 직선을 따라 지나갈 거예요. 결국 평평한 우주에서 빛은 똑바로 움직입니다. 하지만 우주가 휘어지면 상황이 달라집니다. 태양이 있는 곳이 움푹 들어가도록 해 봅시다. 먼저 종이의 가장자리와 태양의 위치를 잇는 직선을 따라 가위로 자르세요.

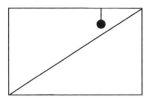

그리고 자른 부분을 겹쳐 붙여 보세요.

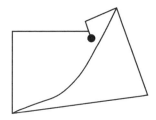

좀전에 그렸던 직선이 태양 주위에서 휘어지는군요. 그럼 더 많이 겹치도록 해 보세요. 태양 주위가 더 많이 휘어졌지요?

중력이 크면 그곳에서 우주가 더 많이 휘어집니다. 그런데 우주가 평평할 때는 직선이 두 지점을 잇는 가장 짧은 길이었고 그 길을 따라 빛이 움직였는데, 태양 주위에서는 태양의 중력 때문에 우주가 휘어지므로 두 지점을 잇는 가장 짧은 길도 휘어져 버렸군요.

빛은 가장 짧은 길을 따라 움직이니까 태양 주위에서 휘어지겠지요? 그래서 휘어진 우주에서는 중력이 큰 천체들 주위를 빛이 지나갈 때마다 빛도 휘어지는 것입니다. 천체의 중력이 큰 곳에서는 주위의 빛이 더욱더 많이 휘어지게 됩니다. 이것이 바로 상대성 이론이 밝힌 우주의 신비예요.

중력에 의한 시간 늦음

우리는 태양과 같이 중력이 큰 곳에서 빛이 휘어진다는 것을 알아보았어요. 다음 그림을 보세요.

지금 태양 주변에서 휘어지는 빛을 그려 본 거예요. 이때

바깥쪽에 휘어진 빛과 안쪽에 휘어진 빛을 보세요. 바깥쪽에 휘어진 빛이 안쪽에 휘어진 빛보다 더 먼 거리를 움직였지요? 그런데 두 빛의 속력은 어떤가요?

__ 같습니다.

그래요. 그렇다면 속력 = 거리 ÷ 시간이니까 바깥쪽에 휘어진 빛과 안쪽에 휘어진 빛에 대해 다음과 같은 식이 성립하겠군요.

바깥쪽을 가는 거리 ÷ 바깥쪽을 갈 때의 시간
= 안쪽을 가는 거리 ÷ 안쪽을 갈 때의 시간

바깥쪽을 가는 거리가 안쪽을 가는 거리보다 더 멀기 때문에 다음 식과 같이 나타낼 수 있습니다.

긴 거리 ÷ 바깥쪽을 갈 때의 시간
= 짧은 거리 ÷ 안쪽을 갈 때의 시간

그러므로 이 등식이 성립하기 위해서는 안쪽을 갈 때 걸린 시간이 바깥쪽을 갈 때 걸린 시간보다 짧아야겠군요. 시간이 짧다는 것은 그곳에서의 시간이 더 천천히 흐른다는 것을 말합니다.

그렇다면 태양에서 가까운 쪽과 먼 쪽 중 어느 곳의 중력이 더 클까요? 태양의 중심에서의 거리의 제곱에 반비례하므로 태양에 가까울수록 중력이 큽니다. 그렇다면 안쪽이 바깥쪽보다 중력이 더 큰 곳이군요. 그럼 다음과 같은 결론을 얻을 수 있습니다.

중력이 큰 곳에서는 시간이 천천히 흐른다.

이것을 중력에 의한 시간 늦음이라고 합니다. 극단적으로 중력이 무지무지 크다면 그곳에서의 시간은 거의 정지된다고 말할 수 있지요. 중력이 아주 큰 곳에서 1초가 흐르면 중력이 작은 곳에서 100년, 1000년, 1만 년이 흐를 수도 있는 것입니다.

공들이 많네요. 운동 종류마다 공의 크기와 무게가 달라요.

이 공들로도 나의 상대성 이론을 설명할 수 있어요.

어떻게요?

여기 고무막을 2차원 우주라고 하고 위에다 무거운 공과 가벼운 공을 올려 봅시다. 무거운 공은 태양, 가벼운 공은 달이 되는 거지요.

그러면 이렇게 실제로는 볼 수 없는 4차원 우주의 모습을 알 수가 있지요. 중력이 가장 큰 태양 주변에서 우주가 많이 휘어 있는 모습이 보이지요. 달의 주변은 적게 휘어져 있고요.

우주가 천체들의 중력으로 휘어지면 어떤 일이 벌어지나요?

여기 고무막 위에 선을 긋고, 이 선들을 우주를 지나가는 빛이라고 하면, 중력이 큰 천체 주위의 빛들도 휘어진다는 것을 알 수가 있지요.

중력이 큰 곳에서는 우주가 더 많이 휘게 되고 그러면 빛도 더 많이 휘게 된답니다. 상대성 이론으로 이런 사실들을 알 수가 있지요.

우아! 박사님은 정말 대단하세요.

그런데 이 고무막과 공들은 다 사실 건가요?

앗? 죄송합니다. 제가 제 이론을 설명해 주다가 그만….

빨리 가요, 박사님!

9

모든 것을 빨아들이는 블랙홀

블랙홀은 중력이 아주 큰 천체입니다.
이 무시무시한 존재에 대해 곧 알게 된답니다.

9

모든 것을 빨아들이는
블랙홀

아인슈타인은
조금 서운해하는 표정으로
마지막 수업을 시작했다.

오늘은 블랙홀에 대한 이야기를 할 차례입니다. 아쉽지만
오늘이 마지막 수업이 되겠군요.

학생들도 서운해하는 표정을 지었습니다.

블랙홀이라는 말은 많이 들어 보았을 거예요. 우선 블랙홀
은 중력이 아주 큰 천체예요. 중력이 너무너무 크다 보니까
그곳에서 우주는 엄청나게 많이 휘겠지요.

아인슈타인은 학생들 앞에 고무막을 가지고 왔다. 그리고 그 위에 아
주 무거운 볼링 공을 올려놓았다. 순간 고무막이 엄청나게 휘어졌다.

　보았지요? 이 볼링 공을 중력이 아주 큰 천체라고 생각해
봐요. 그럼 그곳에서 우주가 아주 많이 휘어지게 되지요. 그
러면 가느다란 터널이 만들어져요.

　중력이 큰 곳은 물체를 잡아당기는 힘이 아주 강해요. 그래
서 블랙홀 근처에 가면 물체는 블랙홀의 중력으로부터 도망
칠 수 없게 됩니다. 그러니까 블랙홀은 모든 물체를 빨아들
이는 곳이랍니다.

사건의 지평선

　그렇다면 우리 우주에도 블랙홀이 있을까요? 물론입니다.

우리 우주에는 많은 블랙홀이 있답니다. 그렇다면 이상하군요. 왜 지구는 그 블랙홀에 빨려 들어가지 않을까요? 블랙홀은 모든 물체를 빨아들인다고 했으니까 우주에는 아무것도 남지 않고 모두 빨려 들어가야 하는 것 아닌가요? 물론 그렇게 생각하기 쉽습니다.

아인슈타인은 진공청소기를 가지고 온 후 주위에 종이쪽들을 흩뜨려 놓았다. 그리고 진공청소기의 스위치를 켰다. 순간 종이쪽들이 진공청소기 안으로 빨려 들어갔다. 하지만 멀리 떨어져 있는 종이쪽들은 그대로 제자리에 놓여 있었다.

이 진공청소기를 블랙홀이라고 생각해 보세요. 그럼 종이쪽들은 블랙홀에 빨려 들어가는 물질들이지요. 하지만 멀리 떨어져 있는 종이쪽들은 진공청소기로 빨려 들어가지 않지요? 마찬가지로 블랙홀이 우주에 있어도 일정 거리 안에 있는 물체들만이 블랙홀로 빨려 들어가게 되는 거예요. 왜냐하면 블랙홀에서 멀어질수록 중력이 약해지기 때문입니다. 이 경계를 사건의 지평선이라고 불러요.

사건의 지평선 안에 들어간 물체는 절대로 도망쳐 나올 수 없고 블랙홀로 빨려 들어가게 됩니다. 그리고 블랙홀 안에서

는 어떤 일이 벌어지는지 아무도 몰라요. 우리는 지평선 아래의 물체를 볼 수 없지요? 그래서 이 경계에 지평선이라는 이름을 붙인 거예요. 하지만 사건의 지평선 밖에 있는 물체는 블랙홀로 빨려 들어가지 않아요. 이것이 지구가 블랙홀로 빨려 들어가지 않는 이유입니다.

웜홀이란 무엇일까?

이번에는 웜홀에 대한 이야기를 해야겠군요. 웜(worm)은 벌레를 뜻하고 홀(hole)은 구멍을 뜻하니까 웜홀은 벌레 구멍이란 말입니다. 그럼 벌레 구멍(웜홀)은 대체 무엇을 의미할까요?

아인슈타인은 학생들에게 사과를 보여 주었다. 사과에는 조그만 벌레가 있었다. 학생들은 벌레를 유심히 보았다.

자, 지금부터 이 사과의 표면을 우리 우주라고 생각해 봅시다. 이 벌레는 사과의 표면 위를 움직이고 있으므로 우리 우주를 돌아다니고 있는 셈입니다. 그렇다면 사과의 속은 무얼까요? 그곳은 우리 우주가 아니에요. 자, 우리 우주의 한 지점에 블랙홀이 생겼다고 해 봅시다. 그렇다면 그곳이 많이 휘게 되므로 좁고 긴 터널을 만들게 될 거예요.

아인슈타인이 사과의 한 곳에 송곳으로 구멍을 만들었다. 송곳은 반대쪽으로 구멍을 뚫고 나왔다.

지금 이 구멍은 블랙홀 때문에 그 부분이 많이 휘어져서 생긴 거예요. 이렇게 블랙홀은 우리 우주에서 시작해 우리 우주가 아닌 곳으로 터널을 만들지요. 이때 이 터널을 웜홀이라고 부릅니다.

아인슈타인은 구멍 입구에 벌레를 놓았다. 벌레가 구멍으로 들어가 안 보이다가 반대편 구멍을 통해 나오자 학생들의 눈에 벌레가 보였다.

지금 이 벌레는 우리 우주의 두 지점(2개의 구멍)을 통해 여행했어요. 그리고 벌레가 구멍 속으로 들어가면서 우리 눈에 보이지 않았어요. 왜냐하면 그곳은 우리 우주가 아닌 곳이니까요. 이렇게 웜홀을 통해 우리 우주의 두 지점을 다른 사람들의 눈에 보이지 않게 여행할 수 있답니다.

그렇다면 벌레가 다시 우리 우주로 나온 반대편 구멍은 뭘까요? 블랙홀은 모든 물체를 빨아들이는 곳입니다. 이렇게 블랙홀로 들어간 물체는 웜홀을 통해 여행하다가 반대편에 있는 구멍을 통해 우리 우주로 나오게 되는데, 이 구멍을 화이트홀이라고 불러요. 마치 블랙홀을 거꾸로 돌려 재생한 듯한 현상이 일어나는 것이 화이트홀입니다. 화이트홀은 블랙홀과 반대로 물체를 무조건 밖으로 밀어내는 천체이지요. 블랙홀은 어떤 물체도 그 내부에서 빠져나갈 수 없는 천체인 데 비해, 화이트홀은 어떤 물체도 내부에서 머무를 수 없는 천체입니다. 블랙홀, 웜홀, 화이트홀의 구조는 다음과 같습니다.

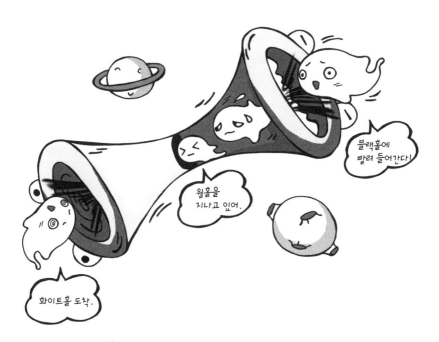

어머, 사과에 벌레가 있어!

앗! 이것은 아이슈타인 박사님이 알려 주신 웜홀이잖아!

웜홀? 그게 뭔데?

잘 봐! 사과의 표면을 우주라고 한다면 구멍의 입구는 블랙홀이 되는 거야. 천체의 중력 때문에 우주가 휘어서 생긴 구멍이지.

블랙홀

그럼 이렇게 사과의 반대편으로 구멍이 나오지. 이곳을 화이트홀이라고 하고 이때 생긴 중간의 터널을 웜홀이라고 하는 거야.

블랙홀

웜홀

화이트홀

블랙홀 근처에 있는 것들은 모두 블랙홀 속으로 빨려들어 간다고. 그래서 항상 조심해야 돼.

그럼 지구는 왜 우주에 있는 블랙홀 속으로 빨려들어 가지 않는 건데?

바보야, 청소기로 청소를 할 때 청소기 주변의 먼지만 빨려들어 가고 멀리 있는 먼지는 빨려들어 가지 않잖아. 바로 그런 이유 때문이지.

공사 중

위~잉

으악!

공사 중

너 블랙홀이 아니라 맨홀이나 조심하라기!

상대성 나라의 **피터 팬**

이 글은 제임스 배리 원작의 〈피터 팬〉을 패러디한 동화입니다.

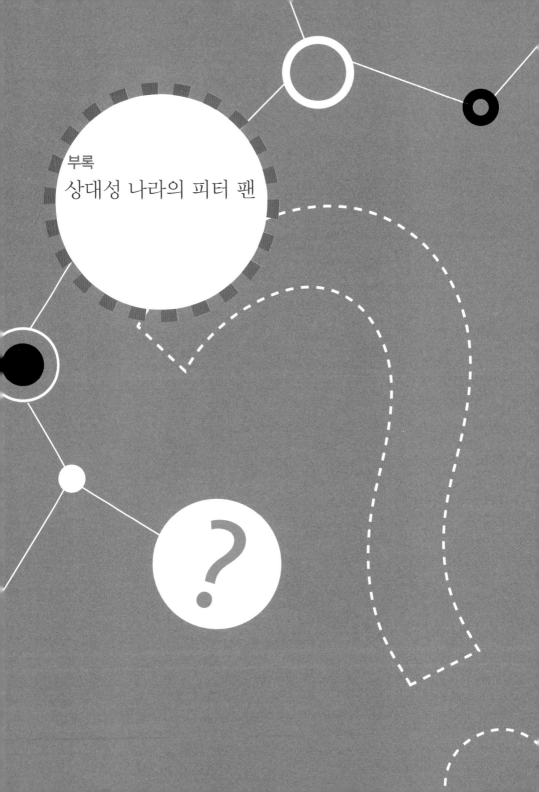

부록

상대성 나라의 피터 팬

2300년 어느 날, 영국 런던의
한적한 곳에 웬디라는 열네 살
여자아이가 살고 있었습니다.

웬디는 자상하신 아빠와 엄마, 남동생 존과 마이클, 그리고
나나라는 이름을 가진 강아지와 더불어 행복하게 살고 있었
습니다.

그러던 어느 날 웬디의 아빠와 엄마가 웬디를 불렀습니다.

"웬디, 오늘 엄마 아빠는 중요한 모임이 있어 외출해야 한
단다. 네가 동생들을 잘 돌볼 수 있지? 마이클은 어리니까 일
찍 재우고, 존은 컴퓨터 게임을 너무 많이 하지 않도록 하고."

"알았어요. 엄마 아빠 잘 다녀오세요."

엄마와 아빠가 외출하시자 존은 곧 볼륨을 크게 높여 컴퓨

터 게임을 하고, 마이클은 침대 위에서 콩콩 뛰면서 소리를 질렀습니다.

곧 날이 어두워졌습니다. 웬디는 부모님이 시키신 대로 마이클과 존을 침대에 눕히고 창문을 활짝 열었습니다. 밤하늘의 별들이 반짝거렸습니다.

"누나, 책 읽어 줘."

존이 말했습니다. 웬디는 《상대성 나라 여행》이라는 책을 읽기 시작했습다.

"……상대성 이론을 느낄 수 있는 가상 현실의 나라에서 매트는 매일 아침 운동을 했습니다. 그러던 며칠 후 매트는 갑자기 뚱보가 되었습니다……."

어느새 마이클은 잠이 들었습니다. 웬디는 혼잣말로 중얼거렸습니다.

"상대성 나라에 가 보고 싶어. 거리가 줄어드는 것도 보고, 무거워지는 것도 느껴 보고 싶어……."

"내가 데려다 줄까?"

어디선가 갑자기 목소리가 들렸습니다. 웬디가 뒤돌아보니 창밖에 남자아이의 얼굴이 보였습니다.

"넌 누구니?"

웬디가 말했습니다.

"난 상대성 나라에서 날아온 피터 팬이야."

"위험해. 어서 안으로 들어와."

웬디의 말에 피터 팬이 창을 넘어 들어오자 '멍멍' 나나가 덤벼들었습니다. 피터 팬은 깜짝 놀라 창밖으로 도망쳤습니다. 나나는 도망치는 피터 팬의 그림자를 물어뜯어 버렸습니다.

"나나! 그만두지 못하겠니."

웬디는 소리쳤습니다. 그리고 나나로부터 그림자를 빼앗았습니다.

"피터 팬, 이리 와. 내가 너의 그림자를 다시 꿰매 줄게."

피터 팬은 창문으로 다시 들어와 웬디의 책상 위에 앉았습니다. 웬디는 바늘과 실로 그림자를 꿰매어 피터 팬의 발 밑에 붙였습니다.

"고마워, 웬디."

웬디의 볼이 빨개졌습니다.

어느새 존과 마이클도 깨어났습니다. 웬디가 피터 팬에게 물었습니다.

"피터 팬, 넌 상대성 나라에서 왔다고 했지?"

"응. 그런데 웬디 너에게 부탁이 있어."

"무슨 부탁이야?"

"우리가 사는 상대성 나라의 슈타인 섬에는 엄마 아빠가 없는 불쌍한 아이들이 많이 있어. 웬디, 그 아이들에게 재미있는 이야기를 해 주지 않겠니?"

"좋아."

웬디는 고개를 끄덕였습니다. 그때 창문 쪽에서 무언가 반짝 빛났습니다. 조그만 요정이 보였습니다.

"웬디, 저 아이는 요정 팅커 벨이야. 그리고 이걸 받아."

피터 팬은 웬디에게 커다란 다이아몬드가 박힌 목걸이를 선물했습니다.

"고마워."

웬디는 다이아몬드 목걸이를 목에 걸었습니다. 그리고 말했습니다.

"피터 팬, 상대성 나라는 어디지?"

"지구에서 가까운 소르트라는 행성이야."

"우리는 너희들처럼 날 수 없는데 어떻게 가?"

피터 팬이 빛의 가루를 뿌리자 갑자기 스케이트보드 세 개가 나타났습니다.

"이야, 스케이트보드다."

존이 좋아서 소리쳤습니다.

"이걸 타고 우주로 날아간다고?"

웬디는 왠지 미심쩍은 듯 스케이트보드를 쳐다봤습니다.

"타 보면 알아."

웬디, 마이클, 존이 스케이트보드에 타자 신기하게도 몸이 두둥실 공중에 떠올랐습니다.

"이건 로켓보드야. 자, 이걸 받아. 이건 로켓보드의 조종 버튼이야. 왼손에 든 걸 누르면 오른쪽으로 돌고, 오른손에 든 걸 누르면 왼쪽으로 돌지. 그리고 두 개를 같이 누르면 똑바로 가고 버튼에서 손을 떼면 보드가 멈춘단다. 자, 그럼 출발하자."

피터 팬이 앞장서고 모두는 그 뒤를 따라 우주로 날아갔습니다. 얼마 동안 계속하여 날아가자 저 멀리 엷은 핑크빛으로 보이는 행성이 나타났습니다. 그리고 그 앞에는 우주 정거장 같은 것이 보였습니다.

갑자기 피터 팬이 소리쳤습니다.

"모두 멈춰."

웬디, 존, 마이클은 누르고 있던 버튼에서 손을 뗐습니다.

"피터 팬, 저기 보이는 오렌지빛 행성이 소르트야?"

웬디가 말했습니다.

"맞아, 웬디. 그런데 명심할 게 있어. 상대성 나라로 입장하려면 여자는 모두 팅커벨처럼 작아져야 돼. 그러니까 웬디! 네가 지금 키의 10분의 1이 되어야 저 앞에 보이는 정문을 무사히 통과할 수 있단 거야."

웬디는 실망스러웠습니다. 키를 10분의 1로 줄일 수는 없기 때문이었습니다.

"그럼 안 되겠어, 피터 팬. 우린 그냥 지구로 돌아갈래."

"웬디! 그럴 필요 없어. 로켓보드 2개를 붙이고 그 위에 엎드려. 그리고 정문을 전속력으로 지나가면 돼. 그럼 정문에 있는 군인들이 보는 너의 키는 10분의 1보다 작게 보일 테니까."

웬디는 피터 팬의 말뜻을 알아차렸습니다. 빠른 속도로 움직이면 정지해 있는 사람이 보는 길이는 움직이는 방향으로 줄어들어 보이기 때문입니다. 웬디는 피터 팬의 말대로 로켓보드에 엎드려 우주 정문을 빠르게 지나갔습니다.

"웬디, 성공이야! 이젠 똑바로 타도 돼. 정문에서만 키를 재거든."

"고마워, 피터 팬."

웬디는 다시 로켓보드에 서서 버튼을 눌렀습니다. 이상하

게도 우주를 달려올 때처럼 빠르지가 않았습니다.

"피터 팬, 로켓보드가 느려졌어."

"그럴 거야. 로켓보드는 우주 공간에서만 빠르거든. 그리고 상대성 나라에서는 일정한 속도보다 빨라지지 않게 설계돼 있어."

"그런데도 상대성 이론이 성립돼?"

"물론. 여기는 가상 현실의 나라거든."

웬디는 잘 믿기지 않았습니다. 상대성 이론은 빛의 속도처럼 아주 빠르게 움직일 때 느낄 수 있다고 배웠기 때문입니다. 친구들 모두는 상대성 나라에 착륙하기 위해 고도를 낮췄습니다. 핑크빛 구름을 지나고 사파이어같이 푸른 바다 위에 초록빛 섬이 둥실 떠 있었습니다.

"얘들아! 저게 우리가 사는 슈타인 섬이란다."

피터 팬이 소리쳤습니다. 그때 갑자기 장난감 총알이 날아왔습니다. 마이클이 장난감 총알을 받으려고 했습니다.

"마이클, 안 돼!"

피터 팬은 장난감 총알에 화살을 쏘았습니다. 화살은 정확하게 장난감 총알에 명중했습니다. 천둥번개 소리보다 더 큰 소리가 울려 퍼졌습니다. 모두 귀를 막았습니다. 이상하게 생각한 웬디는 피터 팬에게 말했습니다.

"피터 팬, 조그만 장난감 총알과 화살이 부딪쳤는데 왜 이

렇게 큰 소리가 나는 거야?”

“웬디, 명심해. 여긴 상대성 나라야. 저 총알은 장난감 총알이 아니라 해적 후크의 배에서 쏜 대포알이야. 너무 빨리 날아오기 때문에 길이가 줄어들어 작게 보이는 거야. 그리고 날아오면서 처음보다 훨씬 무거워졌기 때문에 부딪치면 마이클이 죽을 수도 있다고!”

웬디는 움직이는 물체가 작아 보이고 무거워진다는 상대성 원리가 떠올랐습니다. 그러고는 피터 팬에게 말했습니다.

“해적 후크가 누구야?”

“슈타인 섬의 나쁜 사람이야. 우리 어린이들을 괴롭히지.”

해적 후크는 피터 팬과 싸우다 왼팔이 잘렸는데 그것을 악어가 삼켜 버려서 피터 팬에게 앙심을 품고 있었습니다. 하늘에는 계속 장난감 총알처럼 보이는 대포알이 여기저기 나타났다 사라졌습니다.

“모두 어린이집으로 피해야 해. 팅커 벨, 네가 빛을 냈기 때문에 후크에게 들켰잖아. 어디로든 없어져 버려!”

피터 팬에게 혼난 팅커 벨은 어린이집으로 날아갔습니다. 그리고 아이들에게 거짓말을 했습니다.

“큰일 났어! 마녀 웬디가 피터 팬을 죽였어. 저기 보이는 저 여자애가 마녀 웬디야.”

"우리 대장 피터 팬을……. 우리가 원수를 갚아야 해!"

새총을 잘 쏘는 투틀스는 고무줄 사이에 도토리를 끼워 웬디를 향해 쏘았습니다. 웬디의 가슴에 정통으로 맞았습니다. 가벼운 도토리였지만 빠르게 날아갔기 때문에 웬디와 부딪칠 때는 아주 많이 무거워졌습니다. 쿵 소리를 내며 웬디가 바닥에 쓰러졌습니다. 뒤늦게 온 피터 팬이 쓰러져 있는 웬디를 끌어안고 모두에게 어떻게 된 것인지 물었습니다.

"그럼 팅커 벨이 거짓말해서 웬디를 죽게 한 거야?"

피터 팬은 매우 화가 나서 팅커 벨에게 말했습니다.

"팅커 벨, 너는 슈타인 섬에서 살 자격이 없어. 내 눈앞에 두 번 다시 나타나지 마!"

팅커 벨은 울면서 사라졌습니다. 그때 웬디가 눈을 떴습니다.

"웬디, 살아났구나!"

모두들 기뻐했습니다. 투틀스가 쏜 도토리는 엄청난 속도로 날아와 무거워져 부딪쳤지만 다행히도 웬디가 걸고 있던 다이아몬드 목걸이에 맞았기 때문에 웬디는 살 수 있었던 것입니다.

슈타인 섬에서 살게 된 웬디는 조그만 학교를 만들어 매일 재미있는 이야기를 해 주기로 아이들과 약속했습니다. 그리고 하룻밤이 지나갔습니다.

다음 날 아침 웬디는 9시까지 어린이집에 갔습니다. 매일 9시에 이야기를 해 주기로 했기 때문입니다. 그런데 아무도 보이지 않았습니다. 이상하게 생각한 웬디는 아이들이 노는 곳으로 가 보았습니다.

"투틀스, 왜 놀고 있어? 지금은 이야기를 들을 시간이잖아."

투틀스는 자신의 시계를 쳐다봤습니다.

"웬디 선생님, 9시가 되려면 아직 멀었는데요."

투틀스는 웬디에게 자신이 차고 있는 시계를 보여 주었습니다. 아직도 새벽 2시를 가리키고 있었습니다. 그제야 웬디는 이곳이 상대성 나라이고, 활발히 움직이는 아이들의 시간이 자신의 시간보다 천천히 흐른다는 사실을 깨닫게 되었습니다.

"그래, 아이들은 하루 종일 뛰어놀기 때문에 아이들의 시계와 나의 시계를 같게 할 수는 없지. 그럼 어쩐다…….."

그런 생각을 하느라 웬디는 자신에게 무언가가 다가오고 있는 걸 몰랐습니다. 이상한 소리에 뒤를 돌아보자 악어가 '똑딱똑딱' 시계 소리를 울리면서 다가왔습니다. 웬디는 깜짝 놀라 뒤로 피했습니다. 가만히 살펴보니 악어는 아주 느리게 움직이고 있었습니다. 마치 느린 비디오 화면처럼. 그런데도 악어는 점점 웬디에게 가까워지고 있습니다. 웬디는 두려움에 떨면서 뒤로 도망쳤습니다. 드디어 절벽 끝까지 물러선 웬디는 더 이상 갈 데가 없었습니다.

"사람 살려요."

웬디는 크게 소리쳤습니다. 악어가 입을 쫙 벌리자 무서워진 웬디는 눈을 꼭 감아 버렸습니다. 그때 쿵 하는 소리가 났습니다. 웬디가 눈을 떠 보니 악어가 돌멩이에 맞아 쓰러져 있었습니다.

"웬디 선생님, 괜찮으세요?"

새총 소년 투틀스였습니다.

"고마워, 투틀스."

투틀스는 악어의 배를 갈랐습니다. 악어의 배 속에서 해적 후크의 시계가 나왔습니다.

"좋은 생각이 났어."

웬디는 악어의 배에서 꺼낸 시계를 아이들이 자주 노는 곳의 기둥에 매달았습니다. 그리고 아이들에게 말했습니다.

"얘들아, 이제 너희들 시계에 맞춰 오지 말고, 여기 매달아 놓은 시계가 9시를 가리킬 때 내게 와야 해."

웬디의 생각은 옳았습니다. 기둥에 매달려 있는 시계는 누구에게나 같은 시각을 가리켰습니다.

다음 날부터 어린이집에는 벽에 걸린 시계로 아침 9시마다 아이들이 몰려들었습니다. 웬디는 매일매일 재미있는 이야기를 하나씩 해 주었습니다.

그러던 어느 날, 하늘로부터 공 모양의 비행선이 바다로 추락했습니다. 그때 어디선가 나타난 엄청나게 큰 악어가 비행선을 삼키려고 했습니다. 피터 팬은 화살로 악어를 쏘아 죽였습니다.

피터 팬이 공 모양의 비행선을 뭍으로 가지고 오자 문이 열리면서 화려한 옷을 입은 여자가 나왔습니다.

"전 뉴트 행성에서 온 릴리 공주예요. 비행선이 고장나서 소르트 행성의 중력에 끌려 여기로 추락했어요."

릴리 공주는 추락의 충격으로 다리를 다쳤습니다. 피터 팬과 웬디는 며칠 동안 릴리 공주의 상처를 치료해 주었습니다. 며칠 후 릴리 공주는 완쾌됐습니다.

"그동안 고마웠어요."

릴리 공주는 이렇게 말하고 고장난 비행선을 수리해 소르트 행성을 떠났습니다. 며칠 후 좀더 큰 비행선이 슈타인 섬에 착륙했습니다. 문이 열리고 릴리 공주가 나타났습니다.

"피터 팬, 웬디! 저희 뉴트 행성에 초대하고 싶어요."

릴리 공주가 말했습니다.

"가 보고 싶어요."

웬디가 말했습니다.

피터 팬과 웬디는 릴리 공주의 비행선을 타고 뉴트 행성으로 향했습니다. 드디어 비행선은 조그만 뉴트 행성에 도착했습니다. 뉴트 행성의 땅에는 아무것도 보이지 않았습니다.

"여긴 사람이 안 사나 보죠?"

"아니에요. 모두 지하 도시에 살아요."

릴리 공주가 대답했습니다. 지표면에 착륙한 비행선은 지하 도시 입구를 통과해 끊임없이 땅속으로 들어갔습니다. 한참 후 비행선 밖으로 나와 보니 거대한 지하 도시가 나타났습니다. 지하 도시인데도 태양이 밝게 빛나고 있었습니다. 피터 팬은 릴리 공주에게 물었습니다.

"릴리, 여긴 지하인데 어떻게 태양이 보이죠?"

"저건 인공 태양이에요. 저희는 핵융합 발전소에서 무한한 전기를 만들어 내고 있어요."

"근데 왜 지하에서 살죠?"

"이곳은 중력이 너무 커서 지표면에 비해 안쪽의 시간이 천천히 갑니다. 그래서 지표면에 살면 금방 노인이 되니까 중

력이 큰 지하에서 사는 거죠. 그리고 내가 살고 있는 궁궐은 가장 안쪽에 있어요."

그때 지하 도시의 군인들이 수갑을 찬 어떤 사람을 데리고 지표면으로 올라가는 엘리베이터를 탔습니다.

"저 사람은 어디로 올라가는 거죠?"

웬디가 물어보았습니다.

"저 사람은 살인자예요. 그래서 지표면에서 살게 하는 거죠. 그럼 저 사람은 1년도 채 안 돼 늙어 죽게 되거든요. 이것이 우리 지하 도시의 사형 제도랍니다."

"지하 도시에도 나쁜 사람들이 사는군요……."

세 사람은 군인들의 호위를 받아 지하 도시의 궁궐로 들어 갔습니다. 궁궐은 다이아몬드로 이루어져 반짝거렸습니다. 릴리 공주의 아버지인 레스 왕과 왕비님이 보였습니다.

"아버지, 이분들이 제 생명의 은인이신 피터 팬과 웬디예 요."

"고맙습니다. 제 딸의 목숨을 구해 주어서."

레스 왕은 정중하게 인사했습니다.

곧 무도회가 열렸습니다. 릴리 공주와 신나게 춤을 추던 피 터 팬은 고개를 갸우뚱하며 릴리 공주에게 물었습니다.

"여기에는 왜 커다란 다이아몬드가 이렇게 많죠?"

"뉴트 행성은 중력이 크기 때문에 큰 압력을 받아 다이아몬 드가 많이 만들어지죠."

피터 팬은 이해한 듯 고개를 끄덕였습니다. 두 사람은 계속 춤을 추었습니다. 웬디는 릴리와 춤을 추는 피터 팬을 보면 서 괜스레 심술이 났습니다.

드디어 성대한 무도회가 끝났습니다.

"피터 팬, 돌아가야지?"

약간 화난 표정으로 웬디가 말했습니다.

"그래."

피터 팬이 대답했습니다. 그때 레스 왕은 커다란 다이아몬

드를 두 사람에게 선물로 주었습니다. 릴리 공주와 헤어진 피터 팬과 웬디는 다시 소르트 행성으로 돌아왔습니다. 그런데 어린아이들이 모두 기둥에 묶여 울고 있었습니다.

"얘들아, 무슨 일이니?"

"피터 팬이 없는 사이에 후크가 쳐들어왔어. 그리고 우릴 이렇게 묶어 놨어."

피터 팬과 웬디는 밧줄을 풀어 주었습니다. 그런데 어디에도 투틀스가 보이지 않았습니다.

"투틀스가 보이지 않아!"

웬디가 소리쳤습니다.

"해적 후크가 투틀스를 자기 배로 데리고 갔어."

피터 팬과 웬디는 바닷가로 달려갔습니다. 후크의 배가 바다를 향해 움직이고 있었습니다. 뱃머리에 투틀스가 묶여 있고 후크가 서 있었습니다.

"피터 팬, 후크가 투틀스에게 총을 쐈어."

"웬디, 걱정마. 여긴 상대성 나라니까. 후크의 배가 움직이고 있으니 그쪽의 시간이 천천히 흘러. 후크의 배에서 아무리 순간적으로 일어난 일이라도 여기서는 오래 걸려."

피터 팬의 말대로 후크의 총을 떠난 총알은 거의 움직이지 않았습니다. 피터 팬은 웬디를 데리고 마을로 갔습니다. 그

리고 투틀스를 구해 낼 방법을 생각했습니다.

"피터 팬! 얼른 투틀스를 구해야 해."

웬디가 말했습니다.

"그건 안 돼. 내가 배에 타면 시간이 빨리 흐르거든. 그러니까 투틀스가 총에 맞아 죽는 모습을 보게 돼."

웬디는 알 것 같았습니다. 그러나 좋은 방법이 떠오르질 않았습니다. 다음 날, 또 그 다음 날 총알은 점차 투틀스에게 조금씩 가까워져 갔습니다.

"웬디, 한 가지 방법밖에 없어."

"뭔데?"

"과거로 가는 거야. 후크가 마을을 공격하기 직전으로. 그때 후크를 물리치고 다시 현재로 돌아오면 돼."

피터 팬과 웬디는 우주 지도를 보고 웜홀을 찾았습니다. 웜홀의 입구로 들어가 정신을 차려 보니 도착한 곳은 과거였습니다.

여느 때와 다름없이 아이들과 놀고 있고 투틀스는 나무 위에 올라가 새를 쏘아 맞히고 있었습니다.

"저기 후크가 오고 있어."

투틀스가 소리쳤습니다. 후크가 자기 부하들과 함께 어린이집을 공격하려고 했습니다.

피터 팬은 외쳤습니다.

"모두들, 이 콩을 던져!"

피터 팬은 큰 자루를 풀어 아주 많은 콩알들을 쏟아 부었습니다. 어린이들과 피터 팬 그리고 웬디는 새총에 콩알을 끼워 후크와 그의 부하들을 향해 쏘았습니다.

날아가면서 무거워진 총알에 맞은 후크 일당은 다시 그들의 배로 도망쳤습니다. 그러고 나서 웬디와 피터 팬은 현재로 돌아왔습니다.

"어, 배 위에 투틀스가 보이지 않아."

웬디가 기뻐서 소리쳤습니다.

"투틀스는 마을에 있어."

　웬디와 피터 팬이 마을로 가자 투틀스는 나무 위에서 두 사람에게 인사를 했습니다. 어린이들이 사는 마을은 다시 평온을 되찾았습니다.

　얼마 후 웬디와 두 동생은 집에 가고 싶어졌습니다. 엄마와 아빠가 보고 싶었기 때문입니다. 그래서 조그만 케이크를 만들고 편지를 썼습니다.

　"피터 팬, 우리는 런던의 집으로 돌아가. 그동안 즐거웠어. 이 케이크는 널 위해 만든 거니까 맛있게 먹도록 해."

　그때 이 모습을 몰래 보고 있던 후크 선장은 부하들에게,

"아이들을 붙잡아라."

라고 소리쳤습니다. 해적들은 웬디와 두 동생을 붙잡아 밧줄로 묶었습니다. 후크는 웬디가 만든 케이크에 독약을 뿌렸습니다. 웬디는 울면서 말했습니다.

"그런 짓은 하지 말아요. 너무하잖아요!"

후크는 웬디와 두 동생을 배로 데리고 갔습니다. 이 모습을 요정 팅커 벨이 숨어서 보고 있었습니다. 후크가 웬디를 데려가고 얼마 안 있어 피터 팬이 들어왔습니다. 피터 팬은 식탁 위의 편지를 읽고 웬디를 볼 수 없어 아쉬워했습니다. 피터 팬이 케이크를 입에 넣으려고 하는 순간 팅커벨이 날아와 케이크를 쳐서 떨어뜨렸습니다.

"웬디의 마지막 선물인데…….
너 같은 건 없어져 버려!"

팅커 벨은 눈물을 흘리면서 바닥에 떨어진 케이크를 한 입 먹었습니다.

"앗, 괴로워. 피터 팬, 후크가 웬디를 잡아갔어. 그리고 케이크에는 독을 뿌려 놓았어."

"팅커 벨! 내 목숨을 구해
주었구나. 죽으면 안
돼."

피터 팬은 팅커 벨을 안
고 소르트 행성의 대기권 밖으로
날아갔습니다.

그러고는 팅커 벨의 입을 벌려 독이 묻은 케이크를 꺼냈습니다. 무중력 상태에서는 독이 식도를 타고 내려가지 못하고 입 안에 머물러 있기 때문입니다. 피터 팬이 입 안의 모든 독을 우주 공간으로 날려 보내자 팅커 벨이 눈을 떴습니다.

"팅커 벨, 살아났구나. 이제 웬디를 구하러 가자."

다시 슈타인 섬으로 돌아온 피터 팬은 아이들과 팅커 벨과 함께 후크의 해적선으로 갔습니다. 그때 해적선에서 로켓이 무서운 속도로 쏘아 올려졌습니다. 피터 팬은 그 로켓에 웬디와 두 동생이 타고 있는 줄도 모른 채 이렇게 외쳤습니다.

"자! 해적을 쳐부수고 웬디를 구하자!"

피터 팬과 어린이들은 해적선으로 올라가 해적들과 싸웠습니다. 후크와 해적들은 모두 바다에 떨어져 악어의 밥이 되었습니다.

"이제 웬디를 찾아야겠어. 팅커 벨, 넌 저쪽을 찾아봐."

피터 팬과 팅커 벨과 어린이들은 웬디와 두 동생을 열심히 찾았습니다. 그러나 어디에도 보이지 않았습니다. 피터 팬은 실의에 빠졌습니다. 매일 웬디를 찾아 나섰지만 웬디는 어디에서도 보이지 않았습니다. 그렇게 16년의 세월이 흘렀습니다. 피터 팬은 서른 살의 청년이 되었습니다. 피터 팬은 밤하늘을 멍하니 바라보았습니다.

　"웬디, 너도 살아 있다면 서른 살이 되었겠구나."

　피터 팬은 웬디를 생각하면서 눈물을 흘렸습니다. 그때 팅커 벨이 나타났습니다.

　"피터 팬, 웬디가 어디 있는지 찾았어."

"어떻게?"

피터 팬은 놀라서 소리쳤습니다.

"뉴트 행성에 연락을 해 보니까 16년 전에 소르트 행성을 떠난 로켓 하나가 시그너스 X 쪽으로 날아갔대."

"시그너스 X? 그건 블랙홀이잖아!"

깜짝 놀란 피터 팬은 서둘러 로켓을 타고 팅커 벨과 함께 시그너스 X로 날아갔습니다. 블랙홀 근처로 가자 로켓이 점점 빨라졌습니다. 그때 팅커 벨이 소리쳤습니다.

"저기 웬디가 보여."

웬디와 두 동생은 블랙홀 시그너스 X의 사건의 지평선 바로 위에 묶여 있었습니다. 그 순간 웬디와 두 동생이 미끄러지면서 밑으로 추락했습니다.

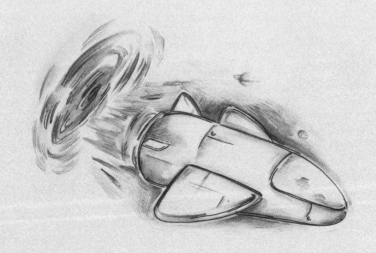

아인슈타인이 들려주는 상대성 이론 이야기

"팅커 벨, 서둘러! 사건의 지평선 안으로 가면 못 구해!"

로켓은 광속 추진 장치를 가동했습니다. 사건의 지평선으로 들어가기 바로 직전에 피터 팬은 웬디와 두 동생을 구출했습니다.

"피터 팬, 고마워!"

웬디가 말했습니다. 웬디를 본 피터 팬은 깜짝 놀랐습니다.

"웬디! 넌 16년 동안 하나도 늙지 않았구나."

"16년이라니! 우린 방금 전에 이곳으로 왔어."

블랙홀의 중력이 너무 커서 웬디의 시간이 아주 천천히 흐른 것이었습니다. 로켓은 다시 소르트 행성의 슈타인 섬에 도착했습니다. 피터 팬은 웬디에게 말했습니다.

"웬디, 나와 결혼해 줘."

"피터 팬, 넌 어른이지만, 난 이제 겨우 열네 살짜리 어린애야. 난 동생들하고 집에 가고 싶어. 학교도 다시 다니고 싶고."

피터 팬은 실망했습니다. 그러나 거울에 비친 자신의 모습과 어린 웬디와는 어울려 보이지 않았습니다.

"웬디! 그럼 16년 후에 나와 결혼해 주겠니?"

웬디는 망설였습니다. 그때 웬디는 서른 살이 되지만 피터 팬은 마흔여섯 살이나 된 아저씨의 모습일 테니까요. 하지만 웬디는 피터 팬의 프러포즈를 받아들였습니다.

"그래, 피터 팬! 런던에서 기다릴게."

피터 팬은 웬디와 두 동생을 런던에 데려다 주었습니다.

그로부터 16년이 흘렀습니다. 웬디는 대학을 졸업하고 천체 물리학 박사가 되어 그리니치 천문대에서 일을 하고 있었습니다.

웬디는 부모님이 결혼을 하라고 해도 결혼을 하지 않고 혼자 지내고 있었습니다. 웬디의 마음속에는 피터 팬이 자리잡고 있었기 때문이지요.

그때 밤하늘 사이로 반짝거리는 빛이 보였습니다. 피터 팬과 요정 팅커 벨이었습니다.

"피터 팬, 약속을 지켜 주었구나!"

웬디는 기뻐서 소리쳤습니다. 그런데 피터 팬의 모습을 보고 깜짝 놀랐습니다.

"피터 팬, 너의 모습이 헤어질 때와 똑같아. 난 네가 마흔여섯 살의 아저씨가 되었을 거라고 생각했는데……"

"웬디, 네가 16년을 사는 동안 난 엄청 빠른 로켓을 타고 우주를 잠깐 돌아다녔어. 그래서 내 로켓 시간이 1분 흐를 때 바깥은 1년씩이나 흐르게 된 거야. 난 너와의 약속을 지키기 위해 로켓 시간으로 16분을 날아다니다가 내렸어. 밖에는 딱

16년이 흘렀더구나."

"아하, 특수 상대성 이론 때문이구나."

피터 팬이 자신을 위해 이토록 애를 써 준 걸 생각하며 웬디는 또다시 기뻐했습니다. 그 순간 요정 팅커 벨은 피터 팬에게 가루를 뿌리고 소르트 행성으로 돌아갔습니다. 이제 피터 팬은 날아다닐 수도 없고 보통 사람들과 똑같이 생활해야 합니다.

일주일 후 피터 팬과 웬디는 결혼을 하고 소르트 행성과 뉴트 행성으로 신혼여행을 갔습니다. 그리고 런던에서 행복하게 오래오래 살았답니다.

물리학의 역사를 바꾼
아인슈타인 Albert Einstein, 1879~1955

   아인슈타인은 1879년 독일의 울름에서 유대인으로 태어났습니다. 어린 시절의 아인슈타인은 다른 아이들보다 부진하여 9세 때에도 말을 더듬었습니다. 권위적인 독일 학교가 싫었던 아인슈타인은 물리학자의 꿈을 이루기 위해 취리히 연방공과대학에 입학하려 했지만, 입학 시험에서 떨어져 공부를 계속하게 됩니다.

   아인슈타인은 자유로운 분위기에서 공부를 계속하여 그해 말에 연방공과대학에 입학하였습니다. 대학을 졸업한 후 1902년에는 스위스 베른의 특허 등록소에서 심사관으로 일하게 됩니다.

이때 그는 공부할 수 있는 시간을 많이 갖게 되어 1905년에는 '특수 상대성 이론'과 '광양자설', '브라운 운동' 등을 연구하여 발표하였습니다. 1916년에는 특수 상대성 이론을 확대한 '일반 상대성 이론'을 발표하였습니다.

물리학 역사에 큰 영향을 주는 이론을 한꺼번에 발견한 아인슈타인은 결국 1921년 노벨상을 수상하게 됩니다. 하지만 아인슈타인에게 노벨상을 안겨 준 것은 상대성 이론이 아니라 '광전 효과 이론'입니다.

1920년대에 들어서 세계적인 물리학자로 명성을 얻게 된 그는 독일에서 유대인 추방이 시작되자 미국으로 떠나 프린스턴 고등 연구소 교수로 취임하였고, 통일장 이론을 더욱 발전시키기에 힘썼다.

미국에서는 아인슈타인을 기념하여 아인슈타인상을 제정, 매년 2명의 과학자에게 상을 주고 있습니다.

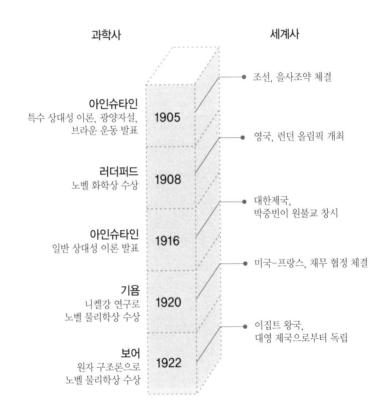

과학사

세계사

● 조선, 을사조약 체결

아인슈타인
특수 상대성 이론, 광양자설,
브라운 운동 발표

1905

● 영국, 런던 올림픽 개최

러더퍼드
노벨 화학상 수상

1908

● 대한제국,
박중빈이 원불교 창시

아인슈타인
일반 상대성 이론 발표

1916

● 미국-프랑스, 채무 협정 체결

기욤
니켈강 연구로
노벨 물리학상 수상

1920

● 이집트 왕국,
대영 제국으로부터 독립

보어
원자 구조론으로
노벨 물리학상 수상

1922

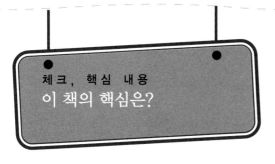

1. 같은 거리를 움직일 때는 시간이 적게 걸릴수록 □□ 이 큽니다.
2. □□ 은 정지해 있는 사람보다 움직이는 사람에게 더 천천히 흐릅니다.
3. 움직이는 관찰자에게는 두 지점 사이의 □□ 가 정지한 관찰자에 비해 짧아집니다.
4. 질량이 클수록 □□ 이 커서 운동 상태가 잘 변하지 않습니다.
5. 4차원 입체는 하나의 점에 □ 개의 서로 수직인 선이 만납니다.
6. □□□ 은 마치 진공청소기같이 모든 것을 자기 속으로 빨아들이는 천체입니다.
7. 블랙홀로 들어간 물체는 웜홀을 통해 여행하다가 반대편에 있는 구멍을 통해 우리 우주로 나오게 되는데 이 구멍을 □□□□ 이라고 부릅니다.

위성 항법 장치(GPS)

얼마 전까지만 해도 운전자들은 교통 지도책을 들고 운전을 해야 했지만 최근에는 내비게이션을 이용하여 원하는 목적지까지 길을 헤매지 않고 찾아갈 수 있게 되었습니다.

목적지까지 가기 위해 자신의 현재 위치와 이동 방향을 알아내는 것이 내비게이션인데, 이것의 원리는 위성 항법 장치(GPS)입니다. 즉 위성을 통해 차의 위치와 방향을 파악해 내비게이션 화면에 표시해 주는 것이지요.

GPS는 고도 2만 km 상공에서 지구 주위를 공전하는 24개의 GPS 위성이 1초마다 차의 현재 위치를 나타내 줍니다. GPS의 동작은 아주 정확한 시간 제어를 필요로 하기 때문에 10억분의 1초까지 정확하게 잴 수 있는 원자시계를 사용합니다.

위성과 자동차 사이의 거리는 전파가 진행한 시간과 빛의 속도를 곱하여 구할 수 있습니다. 그런데 전파가 위성으로부터 차에 전달되는 시간을 정확히 측정하려면 위성의 시계와 차의 시계의 시간 간격이 정확히 일치해야 합니다.

하지만 두 시계의 시간 간격은 아인슈타인의 특수 상대성이론과 일반 상대성 이론 때문에 다릅니다. 우선 위성의 속도가 매우 빠르기 때문에 특수 상대성 이론에 따라 위성의 시계가 자동차의 시계보다 천천히 흐릅니다. 위성의 속도가 시속 1만 4000km이므로 자동차의 시계가 하루 지나갔을 때 위성의 시계는 하루에서 0.007초 모자란 시간만큼 흐릅니다.

또한 GPS 위성은 고도 2만 km 높이에 있으므로 지구 표면에 비해 중력이 작아집니다. 일반 상대성 이론에 따르면 중력이 작은 곳에서는 시간이 빨리 흐르므로, 이 보정을 하면 GPS 위성의 시계가 하루에 0.045초 빨리 갑니다.

그러므로 특수 상대성 이론에 따른 보정과 일반 상대성 이론에 따른 보정을 합치면 위성의 시계는 하루에 0.038초 빠르게 갑니다. 이 보정을 해 주어야만 GPS 위성은 자동차에 정확한 위치를 알려 줄 수 있는 것입니다.